# 소화, 위대한 드라마

[ 선생님도 놀란 과학 뉴스 ] ❺ 소화, 위대한 드라마

■ 기획 · 편집
엮은이 : 정은영
발행인 : 김두희
편   집 : 박일삼
편집 위원 : 김태호, 신광복, 이관수
　　　　　(서울대학교 과학사 및 과학철학 협동과정, 박사과정)
디자인 : (주)동아사이언스 디자인팀
일러스트 : 김학수 · 박현정 외
사   진 : GAMMA 외
발행처 : (주)동아사이언스  http://www.dongascience.com
　　　　120-715 서울시 서대문구 충정로 139 동아일보사옥 3층
　　　　Tel.(02)6749-2000, Fax.(02)6749-2600
E-mail : science@donga.com

■ 출판 · 공급
펴낸이 : 주성우
펴낸곳 : 도서출판 성우
　　　　121-839 서울시 마포구 서교동 383-18 진성빌딩 2층
　　　　Tel.(02)333-1324, Fax.(02)333-2187
홈페이지 : www.sungwoobook.com

가  격 : 12,000원

ⓒ DongaScience&Sungwoo. 2002. Printed in Seoul, Korea.
ISBN  89-88950-46-1  03470

· 잘못된 책은 바꾸어 드립니다.
· 이 책의 모든 자료는 (주)동아사이언스의 동의 없이는 사용할 수 없습니다.

# 소화, 위대한 드라마

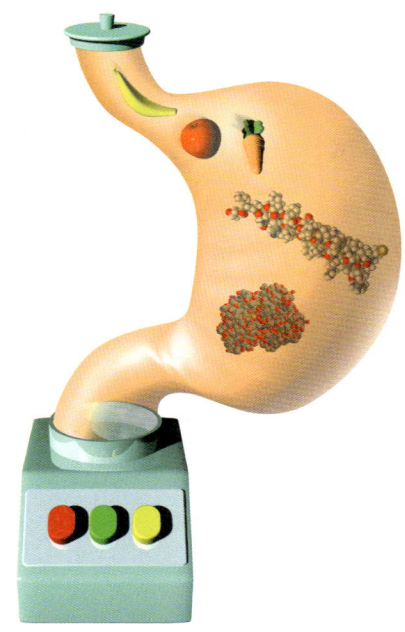

## Prologue

 **발 간 사**

'과학' 하면 무엇이 제일 먼저 떠오를까요?
저마다 조금씩 다르겠지만, 과학교과서를 떠올리는 사람들에게
과학은 그리 유쾌한 이름이 못되는 것 같습니다.
숫자와 공식으로만 표현되는 과학이 어렵고 재미없게
느껴지는 것은 어쩌면 당연한 일일 것입니다.
하지만 과학의 본래 모습은 너무나 친근한 우리들 삶의 모습입니다.
과학은 인간의 삶을 발전시키는 힘이며,
그 변화를 만든 사람들의 끊임없는 노력이기 때문입니다.

그래서 누구나 친구를 사귀듯이 과학에 관심을 가지고 들여다보고,
바로 보고, 또 뒤집어도 볼 수 있는 책이 필요하다고 생각했습니다.
빛, 물, 소리… 우리가 일상생활에서 자주 접하는 소재를 통해
인간의 몸과 자연을 관찰하고, 도구와 기술의 발전을 따라가고
그것을 연구한 사람들의 삶과 역사, 그리고 문화를 살펴보면서
누구나 과학의 매력에 흠뻑 빠질 수 있는 책을 만들고 싶었습니다.
이 책이 과학교과서를 뛰어넘어 교실에서, 교실 밖에서
과학을 재미있게 나누는 이야깃거리가 된다면 더없이 기쁘겠습니다.

(주) 동아사이언스 대표이사 김 두 희

[선생님도 놀란 과학의 수수께끼] ❺    소 화 , 위 대 한 드 라 마

우리가 이렇게 살아갈 수 있는 것은 음식물을 먹고 거기서 영양분을 섭취하기 때문이다. 하지만 먹는다고 다 해결되는 것은 아니다. '소화'라는 과정을 거쳐 영양소를 흡수해야 한다. 이제부터 '소화'라는 주제에 대해 인체에 필요한 영양소, 건강한 우리 몸, 소화의 비밀을 밝힌 사람들, 식생활과 문화로 나누어 생각해보자.

소화
- 인 간 — 제1장 우리 몸의 영양소
- 자 연 — 제2장 건강한 몸
- 역 사 — 제3장 소화의 비밀
- 문 화 — 제4장 식생활과 문화

**교과서 속의 '소화'**

- **중학교 1학년** – Ⅷ. 소화와 순환 : 영양소의 종류와 기능, 소화기관의 구조와 기능, 혈액의 조성과 기능, 심장의 구조와 기능, 혈관의 종류와 특징
- **중학교 2학년** – Ⅴ. 자극과 반응 1. 감각기관의 구조와 기능 : 미각 3. 호르몬에 의한 조절 : 이자에서 분비되는 호르몬
- **공통과학(고1)** – Ⅳ. 생명 1. 물질대사 : 효소, 기초대사량 2. 자극과 반응 : 감각기관, 신경과 호르몬의 조절작용
- **화학Ⅰ** – Ⅱ. 영양소와 소화 : 주요 영양소의 종류와 기능, 음식물의 소화와 흡수 Ⅲ. 순환 : 혈액과 림프의 구성성분과 기능, 심장과 혈관의 구조, 순환기 장애의 원인 Ⅵ. 자극과 반응 : 감각기관의 구조와 기능, 호르몬의 종류와 기능

[선생님도 놀라 깜짝 퀴즈] ❺ 소화 위대한 드라마

## 1 인간

### 우리 몸의 영양소

(1) **몸에 필요한 영양소** 12
골고루 지나치지 않게

(2) **음식물의 여행** 30
입에서 항문까지

(3) **영양소의 여행** 42
혈관을 타고 세포까지

**탐구마당**
Science Adventure

## 2 자연

### 건강한 몸

(1) **충치** 56
90% 이상이 앓는 병

(2) **똥** 66
냄새나는 건강지표

(3) **방귀** 72
소리에서 냄새까지

(4) **소화와 질병** 76
소화기관에 문제가 생기면?

(5) **순환계 질병** 86
순환기관에 문제가 생기면?

**탐구마당**
Science Adventure

DSB
Donga Science Books

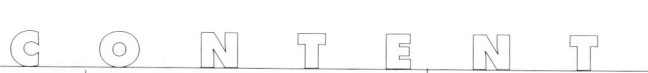

## 3 역사 — 소화의 비밀

(1) **비타민** 98
존재가 밝혀지기까지

(2) **소화작용** 104
소화를 연구한 사람들

(3) **혈액의 순환** 112
하비에서 인공심장까지

(4) **혈액형의 발견** 120
안전한 수혈을 하려면

**탐구마당**
Science Story

## 4 문화 — 식생활과 문화

(1) **입맛의 비밀** 132
입맛은 오감의 화음

(2) **비만** 142
과다한 열량이 지방으로

(3) **다이어트** 156
제대로 먹는 습관이 중요

(4) **거식증과 폭식증** 162
허구가 빚어낸 스트레스

**탐구마당**
Science Story

**Survival Quiz**    서바이벌 퀴즈

- 우리 몸에 필요한 영양소에는 어떤 것이 있을까?
- 우리 몸에서 위, 간, 이자, 쓸개는 어디에 있을까?
- 피가 붉은 이유는 뭘까?
- 어떤 경우에 혈압이 증가하게 될까?

본문을 읽고 서바이벌 퀴즈를 풀어봅시다. 막히지 않고 풀 수 있다면…

# 1 우리 몸의 영양소

### 인간

사람을 포함한 동물은 끊임없이 먹어야 산다.
그럼 먹은 음식물이 어떤 과정을 거쳐 몸에 흡수되는 걸까?
음식물을 따라 몸속으로 들어가보자.

**1 몸에 필요한 영양소**
   골고루 지나치지 않게
**2 음식물의 여행**
   입에서 항문까지
**3 영양소의 여행**
   혈관을 타고 세포까지

12　소화, 위대한 드라마

몸에 필요한 영양소

# 골고루 지나치지 않게

*Digestion*

**식물은 광합성을 함으로써** 스스로 양분을 만들어내지만, 동물은 광합성을 하지 못하기 때문에 양분을 만들어낼 수 없다. 따라서 음식물을 통해 양분을 섭취해야 한다. 사람도 마찬가지다.

우리 몸을 따뜻하게 유지하고, 새로운 세포를 만들어내며, 생활에 필요한 에너지를 얻기 위해서는 음식물을 통해 영양소를 골고루 섭취해야 한다. 또 각 영양소마다 역할이 다르기 때문에 여러 영양소들을 적절하게 섭취하는 것이 필요하다.

영양소는 어떤 화학적 특성을 갖고 있기에 우리 몸을 구성하는데 쓰이고, 생활에 필요한 에너지를 공급하는 것일까?

### 탄수화물 / 에너지의 원천

우리가 매일 먹는 밥이나 빵, 국수 등에는 탄수화물이 들어있다. 탄수화물은 주로 우리가 활동하는 데 필요한 에너지원으로 쓰이는 것으로 탄소, 수소, 산소의 화합물이다. 식물에 들어있는 탄수화물로는 소화될 수 있는 단당류, 이당류, 다당류 등과 소화될 수 없는 섬유소(셀룰로오스), 리그닌, 각질 등이 있다.

당이란 맛을 보면 달게 느껴지는 물질로 탄소 6개, 수소 12개, 산소 6개로 이뤄진 고리모양의 화합물이다. 포도당(글루코오스)처럼 고리모양이 하나만 따로 떨어져있는 것은 단당류, 설탕처럼 2개가 연결돼있는 것은 이당류, 녹말처럼 여러 개가 사슬처럼 길게 연결돼있는 것은 다당류라고 한다. 이당류인 설탕은 몸 속에 들어가면 2개의 단당류로 분해된다. 하나는 포도당이고 다른 하나는 과당이다. 포도당은 6각형 고리모양이고, 과당은 5각형 고리모양을 이루고 있다.

탄수화물 1g은 우리 몸에서 분해될 때 약 4kcal의 열을 낸다. 탄수화물은 입과 소장에서 소화액에 의해 포도당, 젖당, 과당 등의 단당류로 분해돼 주로 소장에서 흡수된 뒤 혈액을 따라 이동한다. 이 단당류는 포도당으로 바뀌어 전신으로 공급되면서 연료로 쓰인다. 연료로 쓰이고 남은 포도당은 간과 근육에 '글리코겐'이라는 비상연료 형태로 저장되거나 지방산으로 바뀌어 지방조직에 저장된다. 그런데 글리코겐으로 저장될 수 있는 양은 한정돼 있으므로 대부분은 지방으로 저장된다.

탄수화물을 너무 적게 섭취하면 혈액 속에 포도당의 양이 모자라 '저혈당증'이라는 병에 걸린다. 한편 섬유질이 부족한 탄수화물을 지속적으로 먹는 것도 문제가 된다. 충수돌기염이나 직

● **글리코겐**
1857년 프랑스의 베르나르가 간에서 발견했다. 그는 실험동물에게 탄수화물이 들어있지 않은 음식물을 먹이거나 며칠 동안 굶기더라도 간에서 계속 포도당이 분비되는 사실을 발견했다. 간으로 들어간 포도당은 글리코겐으로 바꾸고, 저장된 글리코겐은 다시 포도당으로 바뀐다는 것을 알게 됐다. 사람의 간에는 중량의 약 6%, 근육에는 약 0.6~0.7% 정도의 글리코겐이 함유돼있으며, 근육이 운동할 때 소비된다. 세포의 에너지원이 되는 포도당을 필요할 때 즉시 이용할 수 있는 형태로 안정되게 저장하는 것이 글리코겐의 기능이다.

## 14  소화, 위대한 드라마

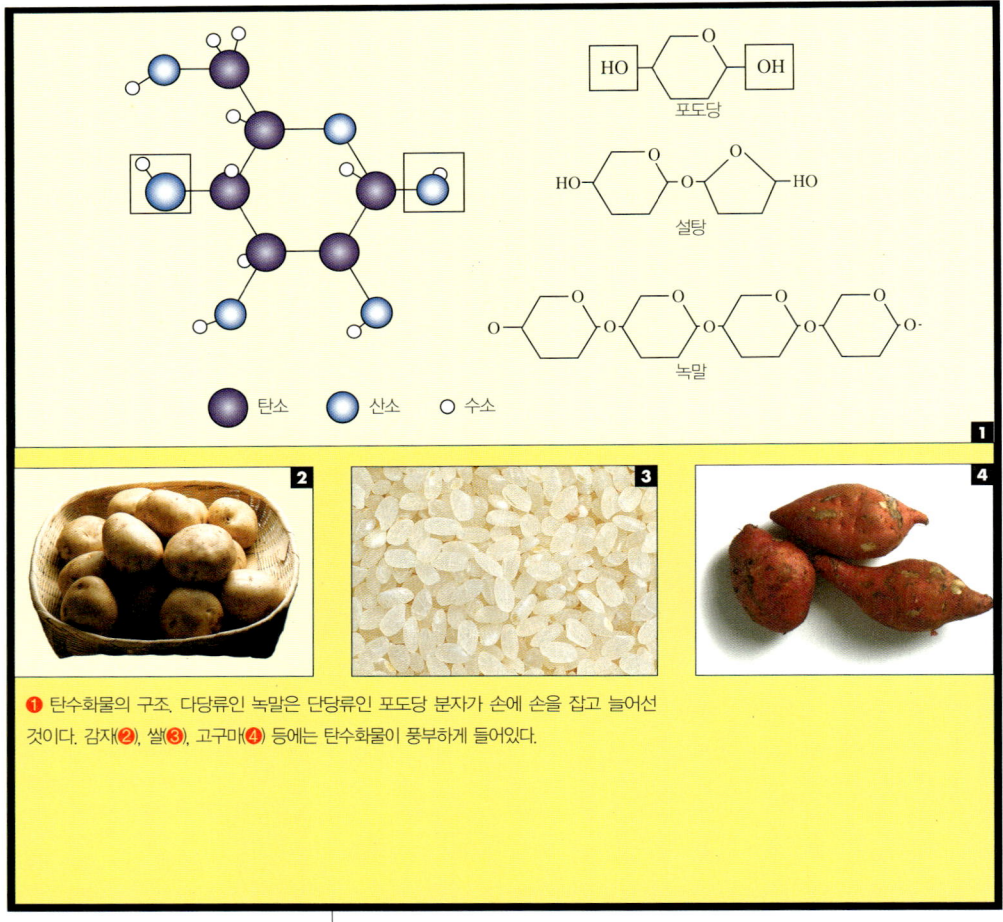

❶ 탄수화물의 구조. 다당류인 녹말은 단당류인 포도당 분자가 손에 손을 잡고 늘어선 것이다. 감자(❷), 쌀(❸), 고구마(❹) 등에는 탄수화물이 풍부하게 들어있다.

장암에 걸릴 위험이 높아지기 때문이다.

### 기억력을 증가시키는 포도당

 탄수화물 중 가장 간단한 구조인 포도당($C_6H_{12}O_6$)은 뇌의 에너지원으로 사용되는 물질이다. 보통 신체의 다른 장기는 단백질,

지방, 탄수화물을 에너지원으로 사용하지만 뇌는 포도당만을 에너지로 삼는다.

뇌가 처리해야 하는 정보량이 많아질수록 뇌의 에너지 소비는 증가된다. 뇌는 신체에서 차지하는 상대적인 크기에 비해 에너지를 많이 소비한다. 뇌의 무게는 체중의 2%에 불과하지만 에너지 소비량은 몸 전체 소비량의 18%를 차지한다. 뇌를 활성화시키기 위해서는 혈중 포도당의 농도를 일정 수준 이상으로 유지시킬 필요가 있다. 이와 같이 포도당이 기억력을 증가시킨다는 주장은 생쥐를 대상으로 한 실험에서 입증된 바 있다.

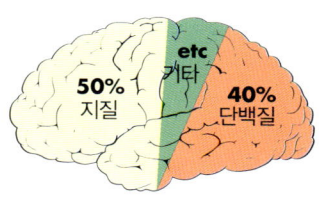

○ 뇌조직의 구성 비율.

일본 규슈대학의 리 연구팀은 생쥐에게 포도당을 투여하면 학습에 어떤 영향을 미치는지 조사한 결과 학습하기 전에 혈당수치를 높이면 학습효과가 향상된다는 점을 확인했다. 흥미로운 점은 포도당을 투여하는 시간에 따라서 그 효과가 다르게 나타난다는 것이다. 가장 큰 효과를 보인 투여시간은 학습하기 2시간 전이었으며 1, 3, 5시간 전에는 오히려 효과가 떨어졌다.

리 연구팀은 기억력을 향상시키는 물질로 식후에 뇌와 척추를 둘러싸고 있는 액체인 뇌척수용액에서 분비량이 증가하는 화학물질에 주목했다. 이 물질의 주요기능은 뇌의 시상하부에 존재하는 포만중추에 신호를 보내 "배가 부르니까 더 이상 먹지 말라"는 명령을 내리는 일이다. 그런데 이 물질이 집결하는 또 다른 장소가 뇌의 해마 부위다. 해마는 감정이나 학습을 담당하는 곳이다.

리 연구팀은 포도당을 투여하기 전 이 화학물질의 기능을 억제하는 약물을 생쥐에게 투여했다. 그러자 생쥐의 기억력이 향상되지 않았다. 따라서 식사 후 혈당이 높아지면 뇌에서 기억력

## 16 소화, 위대한 드라마

○ 야채와 과일은 몸에 부족한 섬유소를 보충하는 식품이다.

을 증가시키는 화학물질이 분비돼 해마 부위에 영향을 미친다는 추론이 가능하다.

사람의 경우는 어떨까? 연구팀은 식사가 학습이나 기억에 미치는 효과가 쥐나 사람이나 비슷하게 나타날 것으로 추측한다.

### 포만감 주는 섬유소

섬유소는 몸에서 흡수되지 않는 비영양성 다당류다. 그래서 한때는 몸에 별 도움을 주지않는 불필요한 성분으로 인식되기도 했다. 하지만 몸에 섬유소가 부족하면 대장의 기능이 떨어져 변비에 걸리기 쉽다. 섬유소가 대장에 이르면 그곳에서 음식물을 분해하는 미생물들은 섬유소를 양분으로 삼아 활발하게 활동한다. 또한 섬유소는 콜레스테롤을 흡수하고 포도당 사용을 방해하는 일도 한다.

사실 우리나라 사람들은 섬유소가 풍부한 쌀밥과 채소를 주식으로 했기 때문에 별도로 섬유소를 섭취할 필요가 없었다. 하지

○ 섬유소가 풍부한 음식물은 미생물들을 활발하게 활동할 수 있도록 해준다.

만 식단이 점차 서구화되면서 상황이 바뀌었다. 한 통계에 따르면 1969년 섬유소 섭취량은 평균 24.5g인 데 반해, 1990년도에는 17.3g으로 감소한 것으로 나타났다 대장의 정상적인 기능을 위해 섬유소 섭취에 신경을 써야 할 때가 온 것이다.

최근에는 섬유소가 첨가된 식이섬유·음료들이 다이어트 제품으로 각광받고 있다. 섬유소는 수분을 흡수하면 팽창하는 성질이 있다. 따라서 곡식이나 과일의 섬유소를 모아 만든 섬유질 보조식품을 충분한 양의 수분과 함께 섭취하면 위에서 쉽게 포만감이 느껴져 체중을 감소하는 데 도움이 된다.

섬유소를 포함한 보조식품은 이뇨제나 식욕억제제에 비해 부작용이 적은 편이다. 그러나 섬유소를 과다하게 섭취하면 '속이 놀라' 갑작스런 복통이 생길 수 있다. 또 섬유소가 팽창해 소화기관에서 비타민과 같은 영양소가 흡수되는 것을 방해할 수도 있다. 따라서 몸에 부족한 섬유소를 보충하기 위해서는 섬유소 정제나 음료보다 과일이나 야채 같은 자연식품이 좋다.

# 18 소화, 위대한 드라마

❶ 글리세롤에 지방산 분자 3개가 결합하여 지방을 이룬다. ❷ 햄버거와 같은 식품은 매우 많은 지방을 포함하고 있다. ❸ 지방은 질량당 에너지 효율이 높기 때문에, 우리 몸은 남는 열량을 지방의 형태로 저장한다. 필요 이상의 지방이 쌓이면 비만이 될 우려가 있다.

### 지방 / 많아도 걱정, 적어도 걱정

땅콩을 씹으면 고소한 맛이 나고 삼겹살을 구우면 기름이 우러나온다. 하지만 아쉽게도 날씬해지기를 원한다면 이런 맛좋은 음식들은 피해야 한다. 생활에너지로 이용되고 남은 것들이 피하지방으로 저장되기 때문이다.

육류, 우유, 버터, 치즈 등에 들어있는 지방을 동물성지방, 식물의 씨앗이나 밤, 은행, 호두 등의 견과류에 들어있는 지방을 식물성지방이라고 한다. 땅콩에는 식물성지방이 무려 50%나 들어있다. 식물성지방은 보통 25℃에서 액체상태가 되는데, 이를 기름(oil)이라고 부른다.

지방은 탄수화물과 마찬가지로 우리 몸의 중요한 에너지 공급원이다. 지방은 탄소, 수소, 산소 등으로 이뤄져 있으나 탄수화물과는 구조가 다르다. 각 지방분자들은 글리세롤이라는 화학물질을 기본적 골격으로 하고 있다. 여기에는 지방산 분자가 3개씩 붙어있는데, 지방산들은 주로 수소원자들이 붙어있는 긴 사슬의 탄소원자로 돼있다.

지방이 소화되면 지방산과 글리세롤로 분리돼 주로 소장에서 흡수되고, 혈액을 따라 몸의 각 부분으로 이동한 후 다시 새로운 지방으로 재조합된다. 우리 몸의 연료로는 주로 포도당이 이용되고 지방산은 포도당이 부족할 경우에만 이용된다. 남아도는 지방산은 중성지방의 형태로 전신의 지방조직에 차곡차곡 저장된다.

섭취된 지방은 어떤 역할을 할까? 지방은 1g당 약 9kcal의 열을 낼 수 있는데, 이것은 여러 영양소 가운데 가장 효율이 높다. 탄수화물이나 단백질을 섭취해도 남는 열량이 지방의

◯ 식물성지방은 땅콩과 같은 견과류(위)에, 동물성지방은 육류(아래)에 다량 함유돼있다.

형태로 저장되는 것은 바로 이 때문이다. 또한 지방은 세포막에 필수적인 구성성분이며, 외부충격을 완화시키는 쿠션 역할을 하고, 체온을 유지해주는 보온단열 효과를 제공한다.

지방은 비상시 사용하기 위한 에너지 저장창고이기도 하다. 우리 몸은 쓰고 남은 에너지는 모두 지방으로 바꿔 저장한다. 이때 필요 이상의 지방이 쌓인 상태를 '비만'이라고 한다. 지방을 많이 흡수하면 비만의 원인이 되지만, 너무 적게 섭취해도 머리카락이 드문드문 자라거나 습진이 생길 수 있다. 한편 최근 연구에 따르면 지방은 뼈와 장기를 보호하고 호르몬과 면역체계를 조절하며 여성의 출산을 돕는 것으로 밝혀졌다. 따라서 임신 중

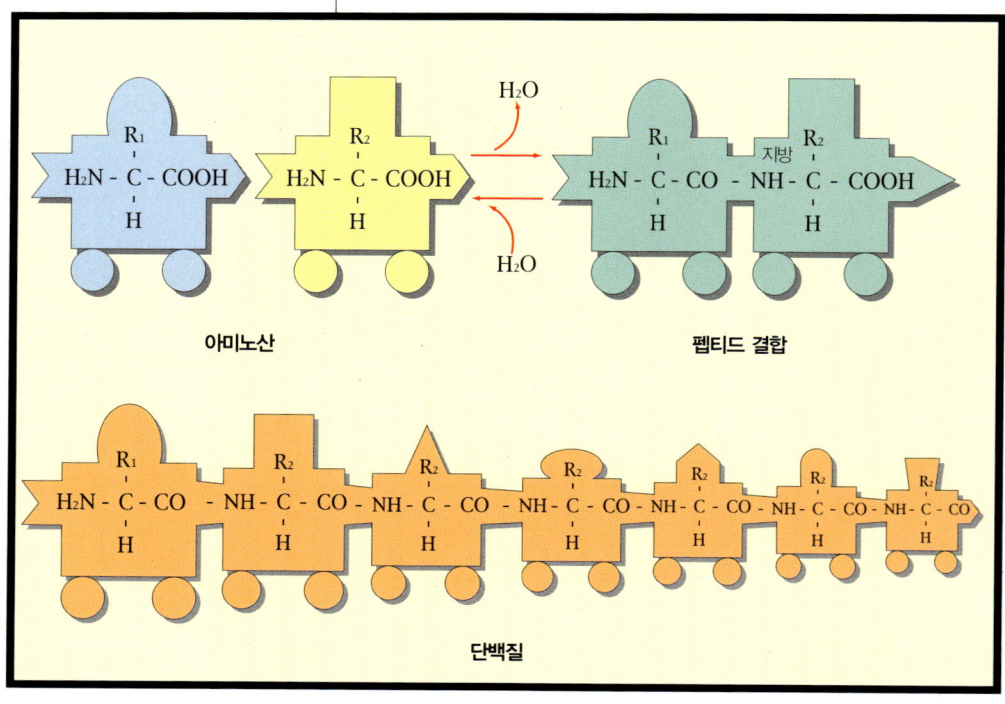

○ 아미노산이 모여 단백질을 이루는 과정

지방이 부족하면 임신부와 태아 모두에게 해로우므로 좋지 않은 것이다.

### 단백질 / 세포와 조직의 구성체

과학자들은 지구에 나타난 최초 생명체의 증거로 단백질을 든다. 생명체를 이루는 구성성분 중에서 가장 중요한 것이 바로 단백질이기 때문이다. 몸 속의 세포와 조직들은 단백질로 이뤄져 있다. 또 다치거나 손상된 세포들을 보충하기 위해서는 단백질을 섭취해야 한다.

○ 자연식품에는 다양한 영양소가 골고루 들어있다.

모든 단백질은 '아미노산' 이라고 하는 더 작은 분자로 이뤄져 있다. 아미노산은 산소, 수소, 탄소, 그리고 질소원자로 이루어 졌으며, 메티오닌이라는 아미노산에는 황원자도 들어있다.

우리 몸에는 약 20종의 아미노산이 있는데 이들은 필요에 따라 결합하여 여러 가지 단백질을 만든다. 예를 들어, 혈액의 적혈구에 포함돼있는 헤모글로빈은 중간 크기의 단백질 분자로서 6백개 정도의 아미노산 분자들이 모인 것이다. 20종의 아미노산 중에서 8종은 우리 몸에서 만들어지지 않기 때문에 반드시 외부로부터 흡수해야 한다. 이러한 종류의 아미노산을 '필수아미노산' 이라고 한다. 만약 적당한 양의 필수아미노산이 흡수되지 못하면 체내에 필요한 단백질이 만들어지지 못한다.

음식물 속에 들어있는 단백질은 주로 위와 소장에서 아미노산으로 분해되고, 혈액의 흐름을 따라 몸 속의 여러 곳으로 운반돼 신체조직을 만드는 재료로 사용된다. 에너지로 이용되고 남는 아미노산도 체지방으로 전환될 수 있지만 탄수화물과 지방에 비하면 체지방 축적에 별 영향을 끼치지 않는다.

○ 신선한 과일은 중요한 비타민의 공급원이 된다.

성인 남자의 경우 체내에 10kg의 단백질이 있으며 약 3백g의 단백질이 매일 교체된다. 그러므로 그 분량만큼 음식을 섭취해야 한다. 여러 가지 연구결과에 따르면 우유나 고기 등에 들어있는 고단백질을 25~38g 정도, 옥수수나 밀 같은 곳에 들어있는 저단백질을 32~42g 정도 섭취하는 것이 건강에 좋다고 한다.

단백질을 제대로 섭취하지 않으면 영양실조에 걸리지만, 단백질을 많이 먹고 탄수화물을 너무 적게 먹으면 요독증에 걸린다. 섭취한 단백질의 양이 많으면 신진대사 과정에서 요소가 많이 만들어지게 되는데, 이로 인해 신장에 부담을 주기 때문이다.

### 비타민 / 없으면 안 되는 만능 재주꾼

비타민은 사람 몸에서 만들어지지 않는 물질로서, 반드시 식품으로부터 섭취해야 한다. 비타민은 3대 영양소인 탄수화물, 지방, 단백질과는 달리 에너지를 생산하지 못한다. 그렇지만 비타민은 신체의 여러 기능을 조절하는 역할을 한다.

● **요독증**
신장의 기능이 극도로 저하되어 오줌으로 배설되어야 할 각종 노폐물이 혈액 속에 축적되어 일어나는 중독 증세. 초기에는 입이 마르고 설태(舌苔)가 심해지며, 식욕부진이 일어나고 피로하기 쉽고 잠을 푹 잘 수 없다. 구역질·구토가 일어나고, 설사가 나고 장에 궤양이 생기기 때문에 혈변을 배출할 때도 있다. 사지의 경련을 일으키기도 한다. 나중에는 혼미·혼수상태에 빠지고 드디어는 심장마비를 일켜 죽게 된다.

● 비타민은 몸에서 만들어지지 않기 때문에 식품에서 섭취해야 한다. 하지만 그렇지 못하는 경우를 위해 많은 약이 시판되고 있다.

우리 몸에 필요한 비타민의 양은 소량이지만, 비타민이 부족하면 각종 질병에 걸리게 되고 또 너무 많아도 문제가 된다. 비타민은 제대로 먹으면 '보약'이지만 지나치게 많이 먹으면 몸에 '독소'로 작용할 수도 있는 것이다.

비타민이 부족하면 우리 몸에는 여러 가지 증상이 나타난다. 비타민A가 부족하면 야맹증에 걸리고 심하면 안구건조증이 생긴다. 하지만 너무 많이 먹으면 피부가 노랗게 변하고 구역질이 나며 머리카락이 빠진다. 눈가의 잔주름을 펴준다는 화장품에 든 레티놀이나 레티노이드 성분도 비타민A의 일종이다. 그러나 태아에게 나쁜 영향을 줄 수 있으므로 임신 중에는 바르지 않는 것이 좋다.

비타민$B_6$는 여성의 월경 전 불안증을 치료하는 데 효과가 있다. 그러나 하루 10mg 이상 먹으면 신경계가 손상될 우려가 있고 궤양성 대장염에 걸릴 위험이 높아진다.

비타민C가 부족하면 괴혈병에 걸린다. 괴혈병은 잇몸에서 피가 나고 심한 악취를 풍기며 빈혈과 무기력증을 동반하는 병이다. 이 병은 배를 타고 오랫동안 항해하는 선원들에게서 많이 나타났다. 괴혈병의 원인이 비타민C 결핍증이라는 것은 20세기에 들어서 밝혀졌다. 비타민C는 심장병 예방에 효과적이며 항암효과가 있는 것으로 밝혀졌다. 그러나, 최근 미국에서는 비타민C를 하루 5백mg씩 1년 이상 복용하면 전혀 먹지 않을 때보다 오히려 동맥경화의 발생위험이 2.5배나 높아진다는 연구결과가 발표됐다. 영국에서는 비타민C를 많이 먹으면 질병과 싸우는 백혈구의 DNA를 손상시킬 수 있다는 연구결과가 발표되기도 했다.

척추나 뼈가 굽는 구루병을 막아주는 비타민D도 많이 복용하면 식욕부진, 구역질 등의 부작용을 일으킨다. 이런 증상의 환자들의 손톱이나 눈 속을 보면 노란색 침착물이 쌓여있는 것을 볼 수 있다.

### 아시나요? 한국에서는 비타민C, 미국에서는 '엽산' 열풍

한 의대 교수가 TV에서 비타민C의 효능에 대해 말한 뒤 시중에서 비타민C 사재기현상이 벌어진 적이 있었다. 국내에서는 '비타민C 소란'이 일어났지만, 미국에서는 비타민B군의 하나로 DNA 생성의 필수성분인 '엽산'이 인기다.

엽산의 효능이 알려진 것은 1990년대 초 임신부가 매일 0.4mg 정도를 섭취하면 신생아 1천명에 1명 꼴로 발생하는 뇌와 척수장애를 40% 정도 막을 수 있다는 사실이 알려졌다. 최근에는 엽산이 뇌의 신경세포를 활성화해 기억력 향상에 도움을 주고, 특히 심장병, 중풍, 치매 등을 예방한다는 연구결과가 쏟아지고 있어서 많은 주목을 받고 있다.

○ 우유에 함유된 칼슘은 60~70% 정도 체내에 흡수된다.

### 칼슘 / 멸치보다는 우유 한 컵

칼슘은 주로 뼈를 구성하는 역할을 한다. 우리 몸에 있는 칼슘의 99%가 뼈에 있다. 몸을 지탱하는 것 외에 칼슘을 저장하는 것도 뼈의 중요한 역할이다. 뼈의 칼슘 저장량은 약 1kg. 하지만 평상시 우리 혈액 속을 흐르는 칼슘의 양은 0.7g에 불과하다.

혈액 속을 흐르는 칼슘은 적은 양이지만 매우 중요하다. 만약 혈액 속에 칼슘이 없다면 혈액은 응고하지 않고, 어떤 충격도 신경을 따라 전달되지 않을 뿐만 아니라, 근육도 수축하지 않고 심장박동도 그칠 것이다. 또한 칼슘은 두뇌개발과도 관련이 있다. 칼슘은 한 세포의 신경전달 물질이 다른 세포의 수용체와 결합할 때 뇌세포 안으로 유입되면서 신경세포들 사이에 정보가 원활하게 전달되도록 도와준다.

칼슘을 함유한 식품은 많다. 그러나 칼슘이 체내에 흡수되는 비율은 식품에 따라 다르다. 꽁치나 멸치처럼 뼈째로 먹는 생선에는 칼슘이 많이 들어있으나, 흡수율은 10~20%에 지나지 않

○ 칼슘이 풍부한 멸치. 그러나 체내 칼슘 흡수량은 10~20%에 불과하다.

는다. 예를 들어 통조림에 든 꽁치 1백g(약 1.5마리)에는 칼슘 2백77mg, 멸치 20g에는 칼슘 50mg이 들어있다. 하지만 실제 몸에서 흡수되는 칼슘의 양은 많아야 55mg 정도다. 이에 비해 우유 1컵에는 약 2백mg의 칼슘이 함유돼있고, 이중 60~70%가 흡수된다. 꽁치에 비해 2배가 넘는 수치다. 우유에는 칼슘의 흡수를 돕는 비타민D나 젖당이 함께 포함돼있기 때문이다.

사람이 하루에 섭취해야 하는 칼슘량은 청소년의 경우 8백~9백mg, 어른의 경우 7백mg, 임산부의 경우 1천mg 정도다. 그러나 현재까지 우리나라 사람의 평균 섭취량은 6백mg을 넘은 적이 없다. 따라서 칼슘은 우리나라 사람들이 더욱 신경써서 섭취해야 하는 영양소다.

그런데 칼슘이 너무 많아도 신장에 결석이 생길 수 있어 문제가 된다. 이와 같이 혈액 속의 칼슘량은 매우 중요한데, 그 양을 조절하는 것은 목에 있는 갑상선이다. 혈액 속의 칼슘이 부족하면 부갑상선에서, 너무 많으면 갑상선에서 나온 호르몬이 뼛속에 있는 칼슘의 양을 조절한다.

### 달콤한 유혹, 감미료

흔히 '꿀맛'으로 표현되는 단맛은 원래 포도당과 같은 탄수화물에서 비롯된다. 단맛을 내는 감미료로는 역시 설탕이 최고다. 사탕수수와 사탕무를 원료로 만드는 설탕은 과당과 포도당이 결합된 물질로, 세계적으로 연간 8천만t 이상 소비된다. 5천 년 전에 인도에서 '칸디'라고 부르던 설탕은 얼마 전까지도 천연염료와 마찬가지로 아주 귀한 식품이었다. 값싼 인공 감미료가 널리 보급된 것은 역시 현대 화학 덕분이다.

○ 사탕수수와 사탕무를 원료로 만드는 설탕은 최고의 감미료라 할 수 있다.

 1879년 독일의 한 화학자가 자신이 손을 대고 먹는 것은 무엇이나 단맛이 난다는 사실을 깨닫고 손에 묻은 물질을 밝혀 새로 발견한 인공 감미료가 바로 '사카린'이다. 설탕보다 단맛이 2백 배 이상 강한 사카린은 체내에서 분해되지 않고 배설되는 저칼로리 감미료다.

 요즘 많이 쓰는 '아스파탐'이라는 인공 감미료 역시 1965년에 미국의 화학자가 위궤양 치료제를 개발하던 중 우연히 발견했다. 소주에 첨가하는 '스테비오사이드'는 설탕보다 단맛이 3백 배나 더 강한 천연 감미료다. 파라과이 원주민들이 스테비아라는 나무의 잎을 감미료로 사용한다는 사실은 16세기에 스페인 탐험가에 의해서 알려졌지만, 스테비아 잎에서 쓴맛을 빼고 단맛만 나는 스테비오사이드라는 물질을 추출하는 화학적 방법을 알아낸 것은 1970년대부터였다.

 그러나 입에 단것이라고 모두 좋은 것은 아니다. 설탕이 알려지기 전에 로마인들은 단맛을 너무 즐기다가 집단으로 납중독에

소화, 위대한 드라마

○ 현대는 DHA와 같은 특정 성분을 강조하는 기능성 식품의 시대다. 그러나 대부분의 제품은 DHA가 얼마나 들어있는지 정확히 표시하지 않고 있다. 더구나 우리 몸에 필요한 DHA양이 얼마인지 알지 못하는 상황이다.

걸리기도 했다. 납으로 만든 그릇에 포도주스를 넣고 끓여서 만든 '사파'라는 감미료의 주성분이 독성이 강한 중금속 화합물인 아세트산납이었던 것이다.

인공 감미료의 유해성에 대해서는 아직도 논란이 계속 되고 있지만 단맛이 아주 강한 감미료는 조금만 써도 되기 때문에 문제를 일으킬 가능성이 적다. 아스파탐을 넣은 청량음료를 다이어트 음료라고 부르는 이유도 아스파탐의 첨가량이 매우 적기 때문이다.

물론 천연 감미료라고 해서 모두 안전한 것은 아니다. 각종 미네랄과 단백질이 풍부한 설탕은 우수한 식품이지만 입안에서 박테리아에 의해 분해되면서 충치를 만들기도 하고, 열량이 높아서 다이어트에 신경을 쓰는 사람에게는 경계의 대상이 된다.

### DHA 섭취와 두뇌 발달

최근, 두뇌기능을 향상시키는 물질로 DHA가 각광을 받고 있다. 천연적으로 DHA가 다량 함유돼있는 참치통조림에 DHA를 더욱 강화시킨 제품, 라면류, 심지어는 DHA가 첨가된 껌도 시판되고 있다. 과연 DHA는 무엇이며 어떻게 두뇌를 개발시키는 물질이기에 이처럼 주목을 받는 것일까?

DHA는 불포화지방산의 한 종류다. 불포화지방산이란 2개 이상의 이중결합을 가진 사슬형의 탄화수소를 말한다. 불포화지방산은 몸에서 만들어지지 않기 때문에 식품으로부터 섭취해야 하는 필수영양소로서, 뇌세포막의 주요성분이며 뇌의 모세혈관막을 형성하고 보전하는 데 중요한 역할을 한다. 뇌에서 정보가 전달될 때 한 세포에서 방출되는 신경전달물질은 다른 세포의 세포막에 묻혀있는 수용체와 결합해야 한다. 이때 세포막이 유동적으로 잘 움직이면 정보전달능력이 더 커진다. DHA는 바로 세포막의 유동성을 증가시키는 물질이다. 즉 DHA가 많을수록 정보전달능력이 커진다는 말이다.

하지만 과연 사람이 DHA를 얼마나 섭취해야 적절한지는 아직 정확하게 밝혀지지 않았다. 몸에 DHA가 많으면 오히려 부작용이 생길 수도 있다. DHA는 이중결합이 많아 결합 하나가 끊어져 산화되기 쉽다. 체내에서 산화된 지방산은 암을 유발하거나 노화를 촉진하는 등 부작용을 일으킨다.

이런 상황에서 현재 시판되고 있는 대부분의 제품은 DHA성분이 첨가됐다는 강조만 할 뿐 얼마나 들어있는지는 표시하지 않고 있다. 따라서 소비자는 어떤 제품에 'DHA가 들어있다'는 정보만으로 구입 여부를 판단할 수밖에 없어 몸에 좋지 않은 영향을 받을 우려도 있다.

### 그 밖의 무기염류들

칼슘 이외에 우리 몸에 필요한 무기염류로는 요오드, 인, 칼륨, 철, 마그네슘, 나트륨 등이 있다. 요오드는 미역, 김 등의 해조류에 많이 들어있는 무기염류로, 하루에 0.004g 정도 섭취하면 충분하다. 갑상선에서는 요오드를 이용하여 '티록신'이라는 호르몬을 만들어 몸의 성장을 돕고 신진대사를 활발하게 한다.

교통이 발달하지 않았던 때에는 바다에서 멀리 떨어진 곳에 사는 사람들 중에 목이 보기 싫게 부어오르는 갑상선종을 앓는 사람이 종종 있었다. 요오드 섭취가 부족하여 갑상선이 부어서 그런 증상이 나타난 것이었다.

> ● **갑상선**
> 우리 몸에서 가장 큰 내분비선으로 목 부위의 기관 양쪽에 붙어있다. 날개를 편 나비의 모습과 비슷한 형태인데, 갈색을 띠고 무게는 30~60g이다. 갑상선에서는 2가지 호르몬, 즉 티록신과 칼시토닌을 분비한다. 티록신은 기초대사율을 높이고 물질 대사를 촉진한다. 칼시토닌은 뼈로부터 $Ca^{2+}$가 방출되는 것을 막아 혈액 내 $Ca^{2+}$ 농도를 낮추는 역할을 한다.

# 소화, 위대한 드라마

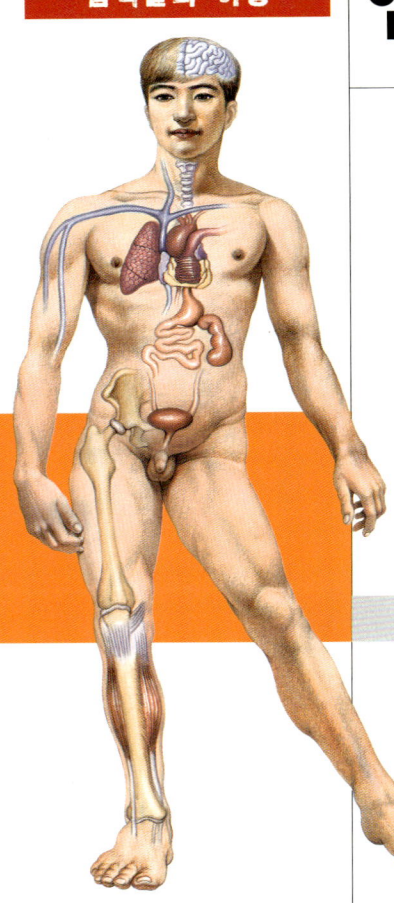

음식물의 여행

# 입에서 항문까지

# *Digestion*

**똑바로 서서 하늘을 향해** 입을 벌리고 있는 사람을 생각해보자. 입안으로 치아와 혀, 그리고 목구멍 속이 들여다보일 것이다. 만화의 등장인물처럼 우리 몸의 소화관을 일직선으로 만든다고 상상해보자. 꾸불꾸불한 위와 장을 똑바로 펴고, 식도에서 대장까지 같은 굵기로 맞추고 길이도 줄이고…. 그러면 입에서 항문까지 이르는 직선 터널이 생길 것이다. 밤에 엉덩이 쪽에서 들여다보면 입을 통해 별님이 보일지도 모르는 일이다.

그런데 이 터널은 바깥의 공기와 연결돼 있으므로 '밖'이라고

봐야 한다. 그러니까 입에서 항문에 이르는 통로, 즉 소화관은 몸의 '안'이 아니라 '밖'인 셈이다. 이처럼 우리가 먹은 음식물이 지나가는 통로인 소화관은 몸의 밖이기 때문에, 음식물을 몸 안인 세포 속으로 끌어들이기 위해서는 잘게 부수는 과정, 즉 소화가 필요하다.

입으로 들어간 음식물은 식도, 위, 소장, 대장으로 이어지는 소화관을 지나면서 잘게 분해되고 우리 몸에 필요한 영양소는 흡수된다. 그리고 남은 찌꺼기는 항문을 통해 배출된다. 우리 몸에서 일어나는 소화작용을 소화관을 따라 차례대로 살펴보자. 또 소화액을 분비하는 간과 이자(췌장)에 대해서도 알아보자.

○ 소화관 '안'은 엄밀히 따지면 몸의 '밖'이다. 소화는 바로 몸 '밖'의 영양소가 '안'으로 쉽게 흡수되도록 잘게 부수는 과정이다.

### 입 / 이와 혀, 바쁘다 바빠!

음식물은 입을 통해 우리 몸으로 들어오게 된다. 음식물이 들어오면 입안에서는 우리가 신경을 쓰지 않아도 이와 혀가 아주 바쁘게 일을 하면서 음식물을 분해한다.

이는 음식물을 잘게 부수고 으깨는 일을 한다. 어릴 때는 20개의 이가 난다. 어릴 때의 이를 젖니라고 하는데, 6~7세 무렵부터 이갈이를 시작하여 젖니 20개가 차례차례 빠지고 그 자리에 간니(영구치)가 새로 나게 된다. 어른의 경우 32개의 이를 갖고 있는데 앞니 8개, 송곳니 4개, 작은 어금니 8개, 어금니 12개로 이뤄져있다. 이의 겉면은 법랑질로 싸여있는데, 법랑질은 우리 몸에서 가장 단단한 부분이지만 유독 산성에는 아주 약하다. 구강 내에 있는 세균들이 치아에 붙어있는 미세한 당성분을 먹고 산성물질을 내보내서 법랑질을 녹이기 때문에 나타나는 현상이 바로 충치다.

## 소화, 위대한 드라마

○ 위의 단면도

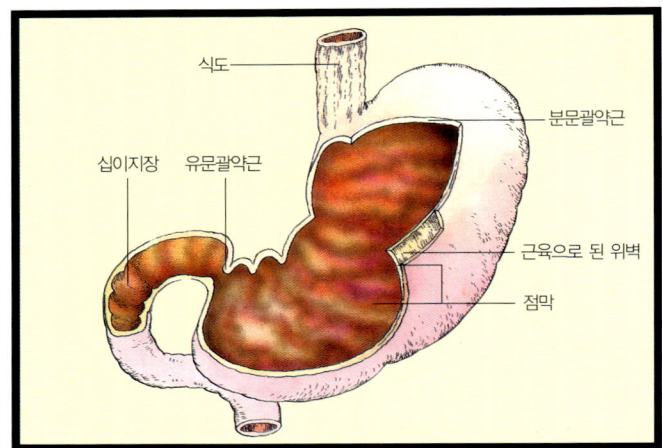

혀는 맛을 보고 음식물을 삼키며 입안을 청결하게 하는 역할을 한다. 말을 하기 위해서도 혀를 움직여야 한다. 혀는 건강진단에도 도움이 된다. 소화기질환일 때는 백색이나 황색을 띠고, 빈혈이 있으면 붉은색이 적어진다. 또 혀를 내밀었을 때 가늘게 떨리면 파킨슨병과 같은 신경질환을 의심할 수 있다.

입안은 항상 침으로 젖어있다. 침이 하는 중요한 작용은 녹말을 엿당으로 분해하는 것이다. 이와 같은 작용은 침 속에 들어있는 '아밀라아제'라는 소화효소 때문에 일어난다. 결국 입안에서는 탄수화물에 대해서는 그 성질이 다른 물질로 변화하는 화학적 소화작용이 일어나고, 다른 영양소에 대해서는 그 성질은 변하지 않고 다만 크기나 상태만 변화하는 물리적 소화작용이 일어난다.

이와 혀, 그리고 침이 부지런히 입안에서 작용을 한 뒤 음식물을 삼키게 되면 식도로 밀려내려간다. 식도는 약 25cm 정도 길이의 곧은 관이다. 식도근육은 수축과 이완을 반복하면서 음식물을 아래로 내려보낸다. 음식물이 식도를 통해 위까지 내려가는 데는 5초 정도 걸린다.

### 위 / 엄청난 주머니

위는 한평생 50t의 음식물을 보관하고 처리한다.

위는 J자 모양의 주머니 같은 기관으로 왼쪽 갈비뼈 아래에 위치한다. 바깥쪽은 번들번들한 분홍색을 띠고, 안쪽은 미끈미끈한 벨벳천을 구겨놓은 것처럼 생겼다. 위의 크기는 개인에 따라 다르지만 보통 길이가 25~30cm, 평균 용량은 1~2L가량 된다.

위 안은 강한 산성상태다. 위샘에서는 하루 약 3L 정도의 위액을 분비하는데, 위액 속에 들어있는 염산 때문에 강한 산성을 띠는 것이다. 위액은 음식과 함께 들어온 해로운 미생물을 죽이는 역할을 한다. 위샘에서 분비되는 위액에는 염산뿐만 아니라 소화효소인 펩신이 포함돼있다. 펩신은 단백질을 분해하는 소화효소로 산성에서 가장 활발하게 작용하는데, 위액에 있는 염산이 그런 환경을 마련해준다.

### 아시나요? 마음의 괴로움이 병을 부른다

시험을 앞두고 배가 아프거나 머리가 지끈거린 경험은 누구에게나 있을 것이다. 친구와 사이가 좋지 않아서 배가 아프거나 변비가 생기는 일을 경험했을 수도 있다.

반복적으로 배가 아픈 현상은 대개 심리적인 갈등으로 인해서 생기고, 자신이 해야 되는 일이지만 부담스럽고 피할 수 있는 경우에 더 자주 발생한다. 하고 싶지 않은 일을 억지로 강요받으면 위는 멀쩡한데도 배가 아픈 증상이 나타날 수 있다. 이처럼 스트레스가 대장을 자극하게 되면 '과민성 대장증상'이 나타난다. 즉 마음의 괴로움이 병을 부르는 것이다.

최근에는 궤양이나 만성적인 복통이 '소화관 뇌'에서 이상이 생긴 것이라는 주장이 대두되고 있다. 장신경계라고 불리는 소화관 뇌는 식도와 위, 소장, 대장의 내막조직에 위치한다. 소화관에는 무려 1억 개의 뉴런이 있고, 두뇌에서 발견되는 주요 신경전달물질과 단백질도 있다. 소화기관이 두뇌의 일방적인 통제만을 받는 것이 아니라 위에도 또 하나의 뇌가 있어서 소화관도 두뇌에 영향을 줄 수 있다는 이야기다. 이들 2개의 뇌는 서로 연결돼있어 하나가 탈이 나면 다른 것에도 이상이 생긴다는 것이다.

위액에 있는 펩신은 음식물 속에 든 단백질은 소화하지만, 단백질로 이뤄져있는 위벽은 소화하지 못한다. '뮤신'이라는 점액성 단백질이 위점막을 0.6mm 두께로 덮고 있어서 위산으로부터 위를 보호하기 때문이다.

기분에 따라 얼굴이 빨개지거나 창백해지듯이 위도 기분의 영향을 받는다. 우리가 축구경기를 보면서 흥분하면 위도 격렬한 수축운동을 해서 위액 분비가 3배나 증가한다. 의기소침하거나 우울해지면 소화가 잘 안 되는 것을 느낄 수 있다. 기분이 가라앉아 위의 근육운동이 정지하고 위액도 거의 분비되지 않기 때문이다. 한편, 많이 먹고 나면 졸음이 쏟아진다. 과식하면 위의 운동이 증가하고 효소나 염산을 만들기 위해 피가 위로 모여들어 다른 기관에는 혈액 공급이 줄어들기 때문에 나타나는 현상이다. 위를 통과한 음식물은 암죽과 같은 상태가 돼 십이지장으로 이동한다.

### 창자 / 분위기에 민감한 꾸불꾸불이

창자의 길이는 대략 8m에 이른다. 이처럼 창자가 긴 것은 음식을 오랜 시간 보관하면서 충분히 소화 흡수할 수 있는 여유를 갖기 위한 것으로 볼 수 있다.

사람의 창자는 섬유소만 빼고 우리가 먹는 모든 음식물을 소화해낸다. 그 결과 삼겹살 속에 들어있는 지방은 지방산과 글리세롤로, 단백질은 아미노산으로, 그리고 밥 속의 탄수화물은 포도당으로 분해된다.

창자는 소장과 대장으로 이뤄져있다. 소장은 지름 2~4cm, 길이 6~7m로 가늘

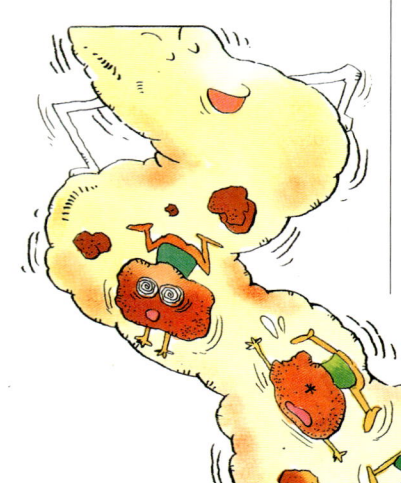

고 긴 반면, 대장은 지름 5~6cm, 길이 1~1.5m로 굵고 짧다.

**소장에서 작용하는 소화액**

영양소의 80%가 소화 흡수되는 소장은 다시 세 부분으로 구성된다. 가장 위쪽이 십이지장인데, 손가락 한 마디의 12배에 해당하는 길이(25cm)와 같다고 해서 붙여진 이름이다. C자 모양을 한 십이지장의 중간 부위에 쓸개즙과 이자액이 십이지장으로 들어오는 구멍이 뚫려있다.

십이지장에 이어지는 공장(지름 3~4cm, 길이 2.5~3m)은 그 안이 비어있다고 해서 붙여진 이름인데, 소화과정은 이곳에서 거의 완결된다. 공장에 이어져있는 회장은 꾸불꾸불하기 때문에 붙여진 이름이다. 공장과 회장 사이에 분명한 경계선은 없지만, 공장은 회장보다 직경이 더 크고 벽이 두꺼우며 혈관이 많이 분포돼있다. 소장에서는 이자액, 쓸개즙, 장액의 세 가지 소화액이 작용한다. 이자에서 분비되는 이자액에는 3대 영양소인 탄수화물, 지방, 단백질을 분해하는 소화효소가 모두 들어있다.

간에서 만들어져 쓸개에 저장됐다가 분비되는 쓸개즙은 소화효소는 없지만 이자액이 지방을 쉽게 분해할 수 있도록 돕는다. 소장벽에 있는 장샘에서는 장액이 분비되는데, 주로 탄수화물과 단백질을 분해하는 소화효소가 포함돼 있다. 소장에서는 이와 같은 소화액들이 작용하여 녹말은 포도당으로, 단백질은 아미노산으로, 지방은 지방산과 글리세롤로 분해돼 소화가 끝난다.

소장의 안쪽 벽에는 융털이라 불리는 무수히 많은 돌기가 주름이 잡힌듯 덮여있다. 이 주름 잡힌 표면의 넓이는 펴놓으면 약 60평 정도로, 우리 몸 표면적의 1백배에 해당된다. 미세한 손가

## 소화, 위대한 드라마

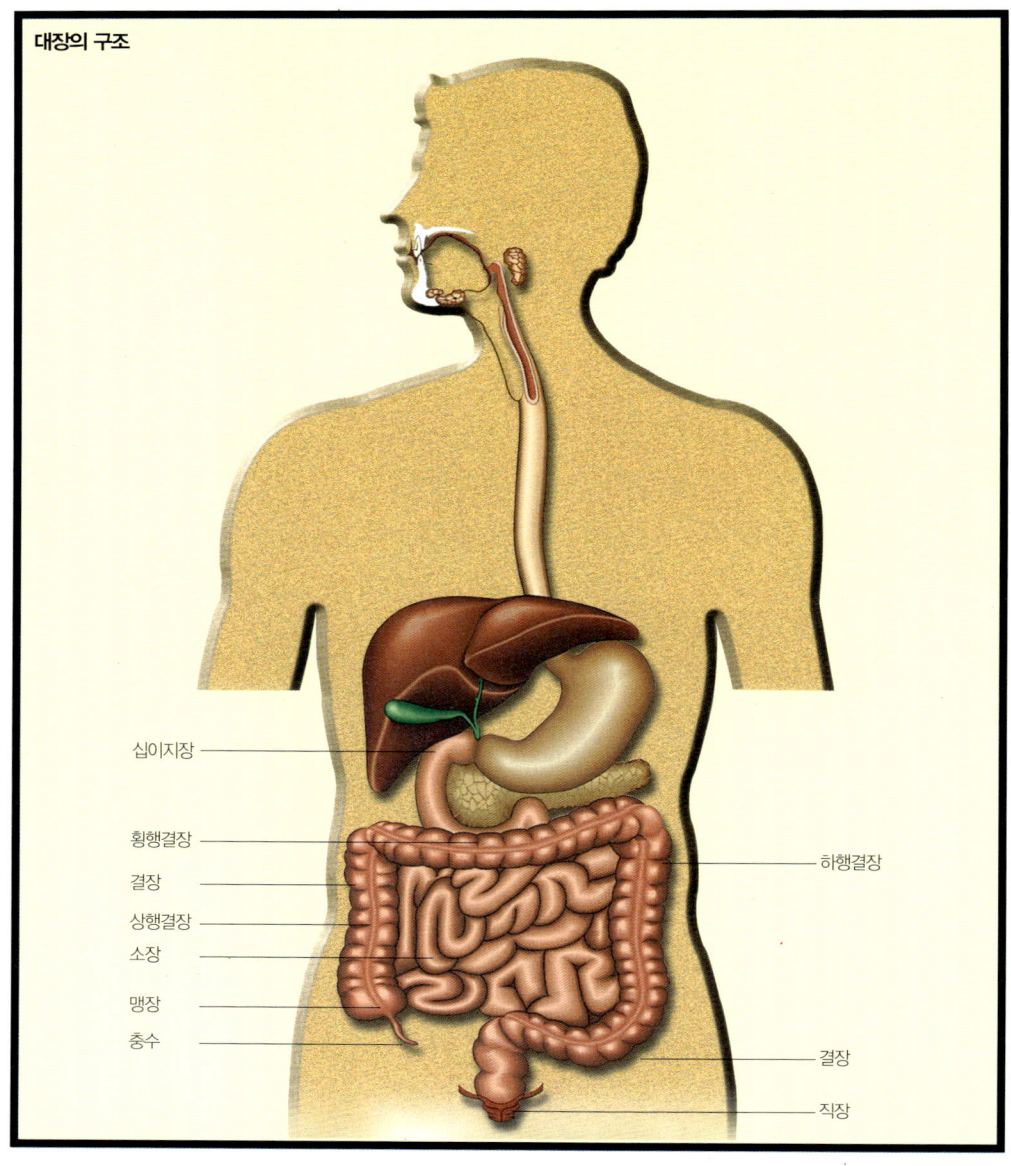

락처럼 생긴 융털(약 1mm) 속에는 모세혈관과 림프관이 분포돼 있는데, 분해된 영양소는 이곳으로 흡수돼 이동된다. 포도당, 아미노산, 무기염류, 수용성 비타민은 모세혈관으로, 지방산, 글리세롤, 지용성 비타민은 암죽관으로 흡수돼 각각 혈관과 림프관을 통해 이동된다.

보통 소장이 한끼 식사를 처리하는 데 걸리는 시간은 3~8시간가량이다. 일정한 간격을 두고 수축과 이완을 반복하면서 진행되는데, 이와 같은 움직임을 연동운동이라 한다. 소장은 1초에 1~2cm의 속도로 내용물을 대장으로 밀어낸다.

그런데 소장벽이 유독물질에 의해 자극을 받거나 흥분상태에 빠지면 이런 연동운동이 초속 25cm 이상의 빠른 속도로 휩쓸고 가기도 한다. 이렇게 소장의 내용물이 너무 빠르게 이동하면 설사가 나는 것이다. 그러나 정상적으로 소장을 거친 음식은 묽은 죽처럼 돼 대장으로 넘어간다. 소장과 대장 사이에는 밸브가 있어서 한번 대장으로 넘어간 음식은 다시 소장으로 돌아오지 않는다. 물론 대장에 있는 세균도 소장으로 들어오지 못한다.

### 세균 균형으로 이뤄지는 대장 운동

한글의 자음 'ㅁ' 자 모양으로 생긴 대장은 소장의 끝부분에서 항문까지 이르는 장기로 맹장, 결장, 직장으로 구분된다. 맹장은 오른쪽 아랫배에 있는 짧은 소화관으로 길이는 5~6cm이다. 맹장의 아래쪽 끝에 있는 돌출된 좁은 관이 충수인데, 소화기능은 없지만 감염에 저항할 수 있는 림프조직을 갖고 있다. 이 부분에 염증이 생겨 감염된 상태를 충수염이라고 하는데, 흔히 맹장염으로 알고 있는 병이다.

결장은 상행결장, 횡행결장, 하행결장, S결장으로 나뉜다. 결장은 위와 소장에서 소화되고 남은 음식물 찌꺼기를 넘겨받아 수분과 전해질은 흡수하고 그 나머지는 변으로 만드는 일을 맡는다. 직장은 S결장에 이어져있으며 항문으로부터 약 15cm 안쪽까지를 말한다. 항문은 음식물이 소화되고 흡수된 뒤 남은 찌꺼기가 배출되는 통로다.

사람의 대장에는 무려 1백여 종의 세균이 1백조 개가량 둥지를 틀고 있다. 여기에는 이른바 좋은 균(비피더스균 등)과 나쁜 균(웰치균과 대장균 등)이 공존한다. 물론 건강할 때는 좋은 균이 세력을 잡고 있지만 항생물질이나 스테로이드, 노화 등에 의해 세균의 균형이 깨지면 변비나 설사가 생기기도 한다.

나이가 들수록, 불규칙한 생활을 할수록, 스트레스를 많이 받을수록 장은 점점 나빠진다. 장의 건강을 위해서는 양배추, 양파, 콩과 같이 가스를 만드는 음식을 조심하고, 부담을 주는 식사와 지방질이 많은 식사는 피한다. 대신 과일, 잎이 많은 야채, 현미 등을 많이 먹고 물을 많이 마시면 도움이 된다. 하지만 무엇보다 중요한 일은 긴장을 피하고 즐거운 생활을 하는 것이다.

### 간 / 침묵의 장기

간은 오른쪽 갈비뼈 아래에 있는 소화기관으로, 무게 1~1.5kg인 우리 몸에서 가장 큰 장기다. 어두운 적갈색을 띠며 물렁물렁하고 부서지기 쉬운 구조로 압박이나 손상을 받기 쉽다. 간은 신체의 대사작용에서 중심을 이루는 장기로, 간이 하는 일은 소소한 것까지 합치면 약 5백 가지에 달한다. 또 간은 1천여 종의 효소를 생산해내는 인체 최대의 화학공장이다. 간에서 만들어진 효소는 우리가 하는 거의 모든 일에 참여한다.

음식물이 소화되면 주로 소장에서 흡수되는데, 흡수된 영양소를 포함한 혈액은 간을 거치게 된다. 간으로 보내진 포도당과 아미노산은 글리코겐으로 바뀌어 간에 저장된다. 만일 몸에 에너지원이 모자라면 간은 글리코겐을 분해해서 에너지원을 만들어낸다. 그리고 비타민A, B₁₂, D는 간에 저장돼있다가 필요할 때 혈액 속으로 방출된다.

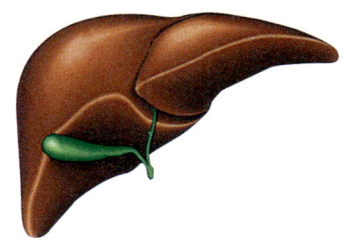

○ 장에서 흡수한 영양소를 포함한 혈액은 간이라는 여과장치를 거쳐 전신의 혈액과 섞이게 된다.

간에서는 하루에 1L씩 쓸개즙을 만들어 지방의 소화를 돕는다. 그리고 간은 몸에서 생성되는 유독물질이나 외부에서 유입되는 약물과 독성물질을 분해한다. 단백질이 분해되는 과정에서 생기는 독성물질 암모니아는 혈액을 통해 간으로 가서 우리 몸에 해롭지 않은 요소로 바뀌어 신장을 통해 배설된다. 간은 혈액응고 효소를 만들기도 하고 세균을 걸러내는 필터 역할도 하며, 몸을 질병으로부터 보호해주는 항체도 만들어낸다. 이 밖에도 간의 역할은 다양하다. 그래서 간질환이나 간암, 또는 간 절제수술로 간이 제기능을 수행하지 못하면 생명에 큰 위협이 닥친다.

간을 구성하는 세포의 수는 2천5백억~3천억 개인데, 이들은 엄청난 잠재력과 재생력을 가지고 있어서 85%나 파괴돼도 그 기능을 수행하는 데 별다른 지장이 없을 정도다. 간은 4분의 3 정도를 잘라내도 4개월이면 완전히 원래 크기대로 회복된다. 그렇기 때문에 간의 일부를 떼어내어 다른 환자에게 이식하더라도 건강상에는 큰 문제가 없다.

간은 과묵한 기관으로 알려져있지만 문제가 생기면 몇 가지 방식으로 불평을 토로한다. 심한 피로가 겹치고 식욕을 잃으면서 복부가 부풀어오르거나, 가슴 부분에 거미모양의 핏줄이 나

# 소화, 위대한 드라마

○ 이자의 위치. 이자에서는 다양한 종류의 소화효소가 포함된 소화액을 만들어서 십이지장으로 내보낸다.

○ 랑게르한스섬. 알파세포는 혈당을 늘이는 호르몬인 글루카곤을 분비하고, 베타세포는 혈당을 떨어뜨리는 인슐린을 생성한다.

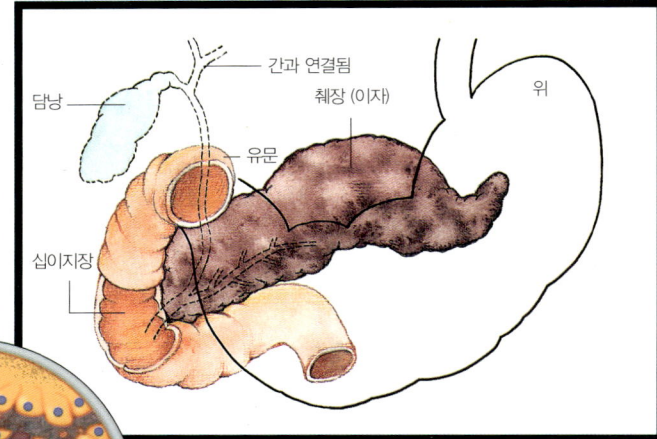

알파세포
베타세포

● 황달
간 기능이 좋지 않으면 얼굴을 비롯한 온몸이 노랗게 변한다. 이 변화의 주범은 적혈구 속에 주로 존재하는 '빌리루빈' 이라는 노란 색소다. 적혈구가 수명이 다해 분해될 때 남은 빌리루빈은 간에서 대사과정을 거쳐 다른 물질로 변한다. 그런데 간염과 같은 질환이 생겨 간이 제기능을 다 못하면 빌리루빈은 그대로 혈액 속에 남게 된다. 그 결과 빌리루빈이 과도하게 축적돼 혈액이 닿는 곳이면 어디든 온몸이 노랗게 변하고 눈의 흰자위도 노랗게 된다. 이러한 증상을 '황달' 이라고 한다.

타나거나, <mark>황달</mark>증세가 있으면 빨리 의사를 찾는 것이 좋다.

### 이자 / 소화기관의 작전참모

이자는 큰 개의 혀와 크기와 모양이 비슷하다. 길이가 15cm, 무게는 약 85g 정도로 간, 신장, 대장 등이 비좁게 들어찬 복부 깊숙한 곳에 있다. 이자는 하루에 약 1L의 이자액을 생산해 낸다.

위에서 십이지장으로 통하는 출입구인 유문으로 위에 있던 음식물이 들어와야 소화액을 만들기 시작한다. 십이지장에서 생산된 세크레틴이라는 호르몬이 혈액을 통해 이자에 전달되면, 이자에서는 알칼리성 소화액을 대량으로 생산한다. 이자액에는 트립신, 아밀라제, 리파아제 등의 소화효소가 포함돼있어서 단백질, 녹말, 지방을 분해하는 역할을 한다.

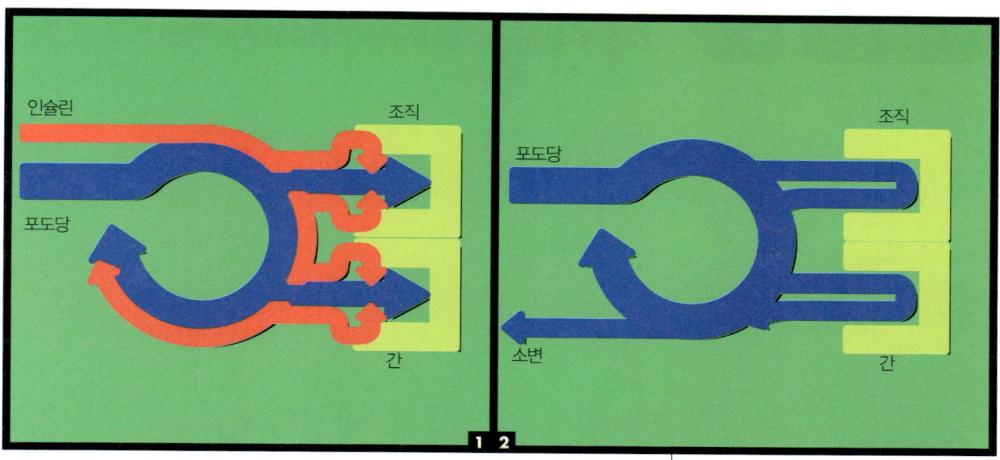

❶ 인슐린의 기능. 인슐린은 혈액 내 포도당을 조직과 간으로 수송한다. 이곳에서 포도당은 에너지원으로 사용되거나 저장된다.
❷ 인슐린이 없을 때 포도당의 이동 경로. 인슐린이 생성되지 못하면 포도당은 조직과 간으로 수송되지 못하고 혈액에 남는다. 이 때 일부가 소변으로 배출된다.

그리고 이자 내에 있는 랑게르한스섬에서는 인슐린을 만들어 낸다. 인슐린은 세포가 포도당을 에너지원으로 사용하거나 저장하도록 도와준다. 만일 랑게르한스섬에 문제가 있어 인슐린이 제대로 분비되지 못하면, 세포는 정상적으로 포도당을 섭취하지 못한다. 흡수되지 못한 포도당은 혈액 중에 남아 혈당농도를 높이게 된다. 그러면 신장은 과량의 포도당을 제대로 걸러내지 못해 포도당이 소변에 섞여나온다. 이것이 바로 당뇨병이다.

당뇨병의 영향은 몸 전체에 나타난다. 오래 굶은 사람처럼 전신쇠약증상이 오면서 크고 작은 혈관과 신경세포가 병든다. 당뇨병을 치료하지 않게 되면 온갖 합병증으로 심신을 황폐화시킨다. 망막의 모세혈관에 손상이 생기기도 하고, 백내장이나 녹내장도 잘 생긴다. 심하면 실명을 하기도 한다. 발에 궤양이 잘 생기고, 동맥경화가 잘 일어나며, 신장의 기능이 저하된다.

● **혈당**
혈액 속에 함유돼 있는 포도당. 정상인의 경우 공복시에는 혈액 1백 mm³당 약 70mg, 식후에는 일시적으로 1백50mg 정도까지 높아지지만, 대체로 70~1백30mg의 범위 내에서 유지된다. 반면 당뇨병환자는 이 수치보다 높은 혈당을 갖고 있다.

## 영양소의 여행

# 혈관을 타고 세포까지

◐ 혈액은 소화기관에서 흡수한 영양물질을 각 기관과 조직세포로 운반한다.

**주로 소장에서 흡수된** 영양소는 혈액을 따라 온 몸 구석구석으로 전달된다. 우리 몸을 이루고 있는 세포는 혈액으로부터 영양소와 산소를 공급받아야 세포 안에서 에너지를 생성해낼 수 있고 생명활동을 할 수 있다.

혈액은 심장박동이 원동력이 되어 혈관을 따라 흐른다. 혈액, 심장, 혈관의 생김새는 어떤지, 또 어떤 기능을 하는지 자세히 알아보자.

### 혈액 / 흐르는 생명수

몸 안에 있는 혈액의 총량은 그 사람 몸무게의 약 7~8% 정도다. 체중이 60kg인 사람의 경우 약 4.5L의 혈액이 있다고 보면 된다. 이 중에서 2.2~2.3L, 즉 전체 혈액의 약 50%를 흘리면 죽게 된다. 혈액은 출생 전에는 간과 지라, 편도선, 흉선, 임파절 등에서 만들어지고, 출생 후에는 주로 흉골이나 척추, 늑골, 골반뼈의 골수에서 만들어진다. 그런데 갑자기 출혈이 있다든지 질병 등으로 급하게 피가 필요할 경우에는 다시 간이나 지라 등에서 혈액을 만들기도 한다. 우리 몸에서는 매일 전체 혈액의 1백 20분의 1(성인 기준 35~40mL)이 죽고 새로 생긴다. 그러므로 헌혈은 건강에 아무런 지장을 주지 않는다.

우리가 흔히 '피'라고 부르는 혈액은 온 몸을 돌며 생명에 필요한 물질을 공급하고 쓰레기를 거둬가는 아주 중요한 역할을 한다. 혈액은 혈관을 통해 흐르면서 폐로 들어온 산소를 각 조직에 공급하고, 조직에서 나온 이산화탄소를 폐로 운반한다. 그리고 소화기관에서 흡수한 영양물질을 각 기관과 조직세포로 운반하고, 조직에서 만들어진 노폐물을 배설기관으로 운반한다.

혈액은 크게 40%의 세포성분(혈구)과 60%의 액체성분(혈장)으로 구성돼 있다. 채취한 피를 시험관에 뒀을 때 빨갛게 가라앉는 부분이 세포성분, 노랗게 위에 뜨는 부분이 액체성분이다.

혈액의 세포성분은 대부분이 적혈구이고 나머지는 백혈구, 혈소판, 그밖에 콜레스테롤, 당분, 염분, 효소, 지방질 등과 같은 성분으로 이뤄져있다. 적혈구는 산소운반을, 백혈구는 면역작용을 하며, 혈소판은 혈액 응고작용에 관여한다. 혈액의 액체성분인 혈장은 담황색의 액체로 물이 90%를 차지하고 나머지는 단백

● **콜레스테롤**
혈액 속 단백질의 일종. 우리 몸에서 여러가지 중요한 역할을 하지만, 지나치게 많은 양을 섭취할 경우 혈관 속에 쌓여 혈액의 흐름을 방해하기도 한다.

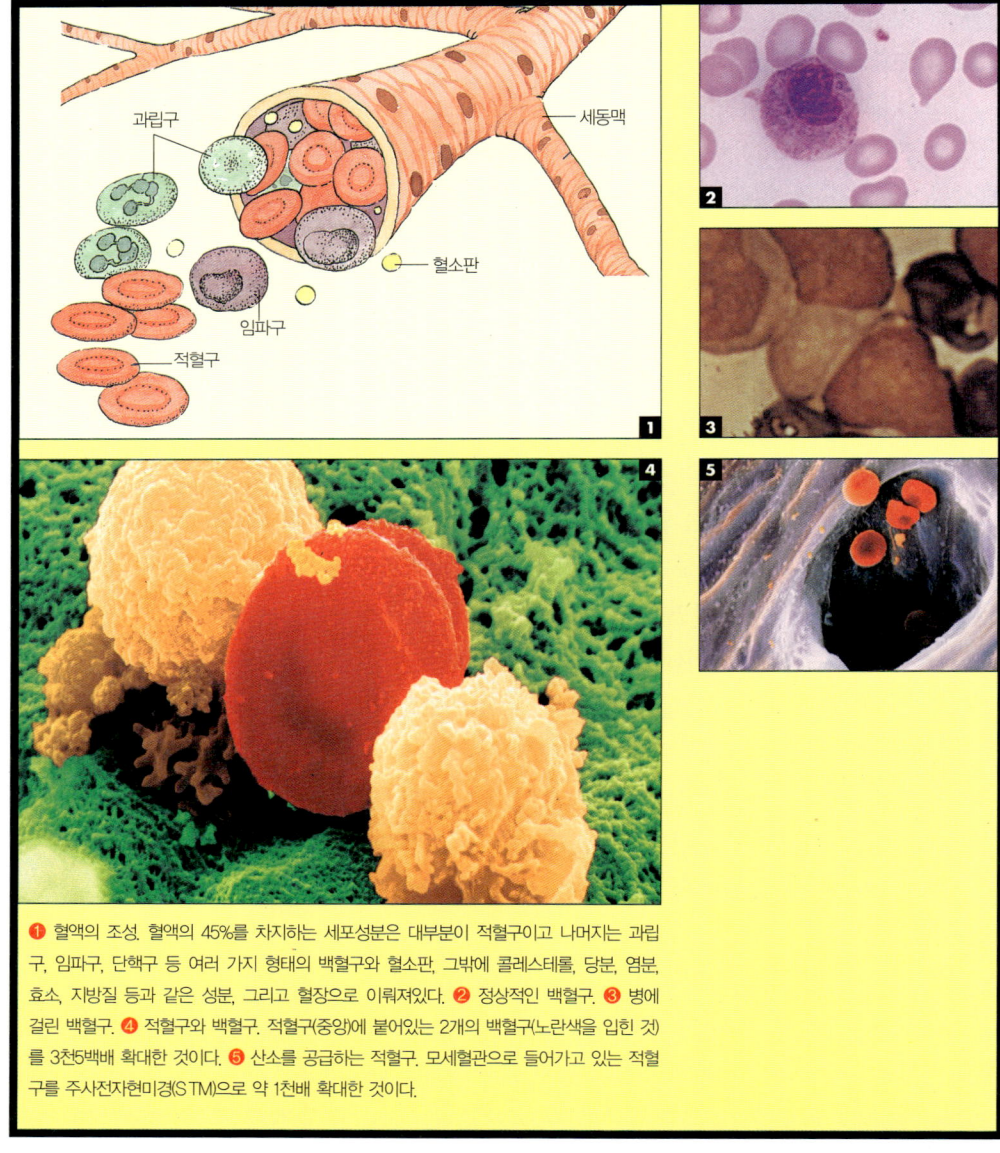

❶ 혈액의 조성. 혈액의 45%를 차지하는 세포성분은 대부분이 적혈구이고 나머지는 과립구, 임파구, 단핵구 등 여러 가지 형태의 백혈구와 혈소판, 그밖에 콜레스테롤, 당분, 염분, 효소, 지방질 등과 같은 성분, 그리고 혈장으로 이뤄져있다. ❷ 정상적인 백혈구. ❸ 병에 걸린 백혈구. ❹ 적혈구와 백혈구. 적혈구(중앙)에 붙어있는 2개의 백혈구(노란색을 입힌 것)를 3천5백배 확대한 것이다. ❺ 산소를 공급하는 적혈구. 모세혈관으로 들어가고 있는 적혈구를 주사전자현미경(STM)으로 약 1천배 확대한 것이다.

질, 염류 등으로 이뤄져있다.

### 피가 붉은 이유

건강한 사람의 적혈구는 지름이 6~9㎛이며, 가장자리가 두껍고 중앙부위가 얇아서 가운데가 움푹 파인 원반형이다. 적혈구는 좁은 혈관을 통과할 때 구겨졌다가 다시 원상태로 돌아올 수 있을 정도의 신축성을 가지고 있다. 하지만 노화되면 연약해져서 파괴된다.

적혈구의 수명은 약 1백20일로, 주로 골수에서 만들어지고 간, 지라, 골수에서 파괴된다. 골수에서는 일생 동안 약 5백kg의 적혈구를 만들어낸다. 우리 몸에서는 1분 동안 1억8천만 개의 적혈구가 죽는다. 적혈구가 처음 생성될 때는 핵이 있으나, 성숙함에 따라 핵은 소실되고 골수를 떠나 혈액 속으로 들어간다. 적혈구는 하루에 약 15km를 여행하고, 짧은 일생 동안 심장에서 신체 각 부위를 약 7만5천 번이나 왕복한다.

혈액에 있는 적혈구의 내용물 중 가장 많은 것이 단백질의 일종인 헤모글로빈이다. 적혈구가 산소를 이동시킬 수 있는 것은 헤모글로빈의 헴(heme)분자 중 철이 산소와 결합하는 능력 때문이다. 피가 붉은 것도 헤모글로빈의 색깔이 붉기 때문인데, 산소와 결합했을 때는 색깔이 더 붉어져서 선홍색의 동맥피가 되고, 산소가 떨어져 나가면 검붉은 정맥피가 된다. 흔히 손가락을 바늘로 찔러 검붉은 피가 나오면 체한 것으로 판단하지만, 손가락 끝의 피는 조직에 산소를 떼내준 정맥피이기 때문에 검붉은 색을 띠는 것이 당연하다. 따라서 엄밀히 말하면 피의 색깔로 소화장애를 증명할 수는 없다.

● **헤모글로빈**
척추동물의 적혈구 속에 다량으로 들어있는 색소단백질 헤모글로빈 한 분자에는 철(Fe) 원자 4개가 포함돼 있고, 철 원자 1개에 대해 1분자씩의 산소가 결합하므로, 헤모글로빈 1분자는 산소 4분자와 결합한다. 헤모글로빈은 산소압이 높은 폐나 아가미에서는 산소와 결합하고, 산소압이 낮은 조직에 이르면 산소를 떼어 놓는다.

한편, 겨울철이면 연탄가스에 중독된 환자가 간혹 발생한다. 이는 연탄가스에 포함돼있는 일산화탄소가 산소에 비해 헤모글로빈과의 친화력이 약 2백배 이상 커서 인체의 산소공급을 방해하기 때문에 나타나는 현상이다.

혈액 중에서 적혈구 수가 적거나, 헤모글로빈의 양이 모자라거나, 전체 혈액량에 대한 혈구량의 백분율이 정상 이하일 때를 '빈혈'이라고 한다. 혈액 1mL당 남자는 약 5백만 개, 여자는 약 4백50만 개 가량의 적혈구가 들어있다. 혈액 1백mL당 헤모글로빈의 양은 남자 16g, 여자의 14.4g 정도다. 그런데 적혈구 수가 남자일 경우 4백만 개 이하, 여자일 경우 3백50만 개 이하로, 헤모글로빈의 양이 남자 13g 이하, 여자 12g 이하로 떨어지면 빈혈이 생기게 된다. 빈혈은 혈액 속에 산소를 운반할 수 있는 물질

### 아시나요? 낫 모양의 적혈구

사람의 적혈구는 가운데가 오목한 원반모양이다. 그런데 흑인들 중에는 낫 모양의 적혈구(겸형적혈구)를 가진 사람들이 있다. 이런 적혈구를 가진 사람은 쉽게 어지러움을 느끼고 고열에 시달리게 된다. 이러한 병을 '겸형적혈구 빈혈증'이라고 하는데, 유전적인 질병이다.

겸형적혈구는 정상적으로 산소를 운반하지 못하고 정상적혈구에 비해 수명이 짧다. 또한 혈액에 적혈구가 부족해지기 때문에 현기증과 고열증상이 나타나게 된다. 그런데 겸형적혈구를 갖는 사람은 정상적혈구를 갖는 사람보다 말라리아에 대한 면역성이 높다.

말라리아 기생충은 사람의 적혈구와 간세포에 기생하는데, 겸형적혈구는 말라리아 기생충이 기생하기에 부적절하기 때문에 아프리카와 같이 말라리아에 전염되기 쉬운 환경에서는 겸형적혈구를 가진 사람이 더 유리하다. 그래서 현기증과 고열증상이 나타나더라도 겸형적혈구를 만드는 유전자가 계속 유전되는 것으로 보인다.

이 부족하다는 말이지 단순히 전체 혈액량이 적다는 것을 뜻하지는 않는다.

### 병균과 싸우는 백혈구

백혈구는 혈액을 순환하면서 이물질을 집어삼키고 면역체를 형성해 감염으로부터 인체를 방어한다. 특히 백혈구에는 히스타민과 과산화효소가 들어있어서 리소자임 효소와 협동하여 집어삼킨 세균을 녹여버린다. 이때 밖으로 배출되는 것이 바로 고름과 가래다.

백혈구는 세포의 크기나 핵의 모양, 과립이 있는지에 따라 몇 가지 종류로 구분된다. 임파구는 운동성이 없어서 균을 잡아먹지는 못하지만 외부로부터 침입한 이물질에 대해서는 과민하게 반응해 알레르기를 일으킨다. 단핵구는 비교적 큰 1개의 핵을 가지고 있는데, 아메바 운동에 의해 그 형태를 자유롭게 변형시킬 수 있어서 모세혈관 벽의 내피세포 사이를 비집고 나와 균을 잡아먹는 역할을 한다.

정상인의 경우 백혈구는 혈액 1mm$^3$당 6천~8천 개가 있다. 그런데 급성염증이나 백혈병 등의 경우에 그 수가 현저하게 증가하며 방사선 장애, 풍진, 장티푸스, 홍역 등에서는 그 수가 감소된다.

### 출혈을 멈추게 하는 혈소판

혈소판은 지름 2~3$\mu$m로 핵이 없고 일정한 모양을 갖고 있지 않다. 혈액 1mm$^3$ 속에 약 30만~50만 개가 들어있다.

⊕ 혈소판의 작용에 의해 혈액이 응고된 모습.

혈소판에는 혈액의 응고에 관여하는 트롬보키나제라는 효소가 있다. 상처가 나서 혈관이 손상돼 출혈이 되면 혈소판이 쉽게 파괴되는데, 이때 혈소판에 있는 효소가 노출돼 혈액을 엉겨붙게 하여 더 이상 혈액이 밖으로 빠져나가지 못하도록 한다.

일반적으로 피를 흘리면 인체 내에 약 12개의 다른 인자가 작용해 피를 멈추게 된다. 그러나 유전적으로 이런 인자들에 결함이 생기면 피가 멈추지 않게 되는데, 이런 유전병을 혈우병이라고 한다.

### 심장 / 생명의 상징

심장은 생명의 상징으로 불릴 만큼 몸에서 중요한 장기다. 심장은 쉼없이 쿵쾅대면서 우리가 살아있음을 증명해준다.

심장은 사람의 주먹만한 크기로 어른의 심장은 길이 14cm, 직경 9cm 정도며, 무게는 3백40g 정도 되고 1분에 70번쯤 뛰면서 전신에 피를 흘려보내는 펌프 역할을 한다. 심장은 두꺼운 근육 덩어리지만 아주 리드미컬하게 규칙적으로 운동을 계속한다. 끊임없이 혈액을 펌프질하여 우리 몸 구석구석까지 뻗어있는 혈관으로 혈액을 이동시키는 것이다. 하루에 심장이 내보내는 혈액의 양은 1만5천L 정도로, 1.5L 음료수병의 1만배가 되는 양이다.

심장 좌우에는 심방과 심실이 각각 2개씩 있다. 심실에서는 피를 내보내고 심방에서는 돌아오는 피를 받아들인다. 이 중 힘을 많이 쓰는 부위는 심실이다. 심방은 혈액을 저장하고 있다가 문을 열고 심실로 넘겨주는 역할을 한다. 이에 비해 심실은 혈액을 심장 밖으로 짜주는 역할을 맡는다. 그래서 심방보다 심실의 근육이 더 발달돼있고 벽도 더 두텁다.

혈액은 혈관을 따라 일방통행을 하는데 심장 안에서도 정해진 방향으로 흘러야 한다. 온몸을 거친 뒤 대정맥을 통해 우심방으로 들어온 혈액은 우심실을 거쳐 폐동맥을 통해 폐로 간다. 이 혈액은 이산화탄소가 많이 포함돼 있어서 검붉은 색을 띠는 정맥피다. 이 혈액은 폐에서 가스교환을 통해 이산화탄소를 버리고 산소를 얻어서 선명한 붉은 색을 띠는 동맥피로 변한 뒤, 폐정맥을 통해 좌심방으로 들어간다. 이러한 순환과정을 '폐순환'이라고 한다.

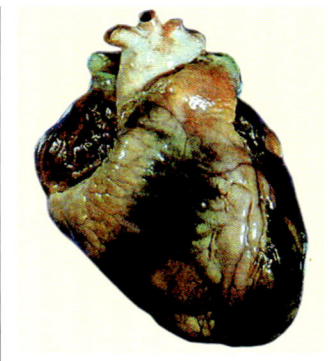
○ 사람의 심장 겉모습.

좌심방으로 들어온 혈액은 좌심실로 들어가고 좌심실에서 폐동맥을 통해 온몸으로 나가게 된다. 이 혈액은 우리 몸을 구성하는 세포의 생명활동에 필요한 산소와 영양소를 전달하고, 생명활동 결과 생긴 이산화탄소와 노폐물을 세포로부터 받아서 대정맥을 통해 우심방으로 들어온다. 이러한 순환과정을 '체순환'이라고 한다.

만일 우심방에서 우심실로 들어온 혈액이 폐로 가지 않고 거꾸로 우심방으로 가면 어떻게 될까? 혈액의 순환은 엉망이 돼버릴 것이다. 이런 사태를 막기 위해 만들어진 안전장치가 바로 판막이다. 심장에는 4개의 판막이 있다. 우심방에서 우심실로, 우심실에서 폐동맥으로, 좌심방에서 좌심실로, 그리고 좌심실에서 대동맥으로 가는 통로에 있다.

### 혈관 / 지구 두 바퀴 반

사람의 혈관을 모두 이으면 약 9만6천km나 된다. 무려 지구를 두 바퀴 반 정도 돌 수 있는 길이다. 혈관은 혈액을 심장에서 몸 곳곳의 조직과 세포로 보내거나, 반대로 심장으로 운반하는

## 소화, 위대한 드라마

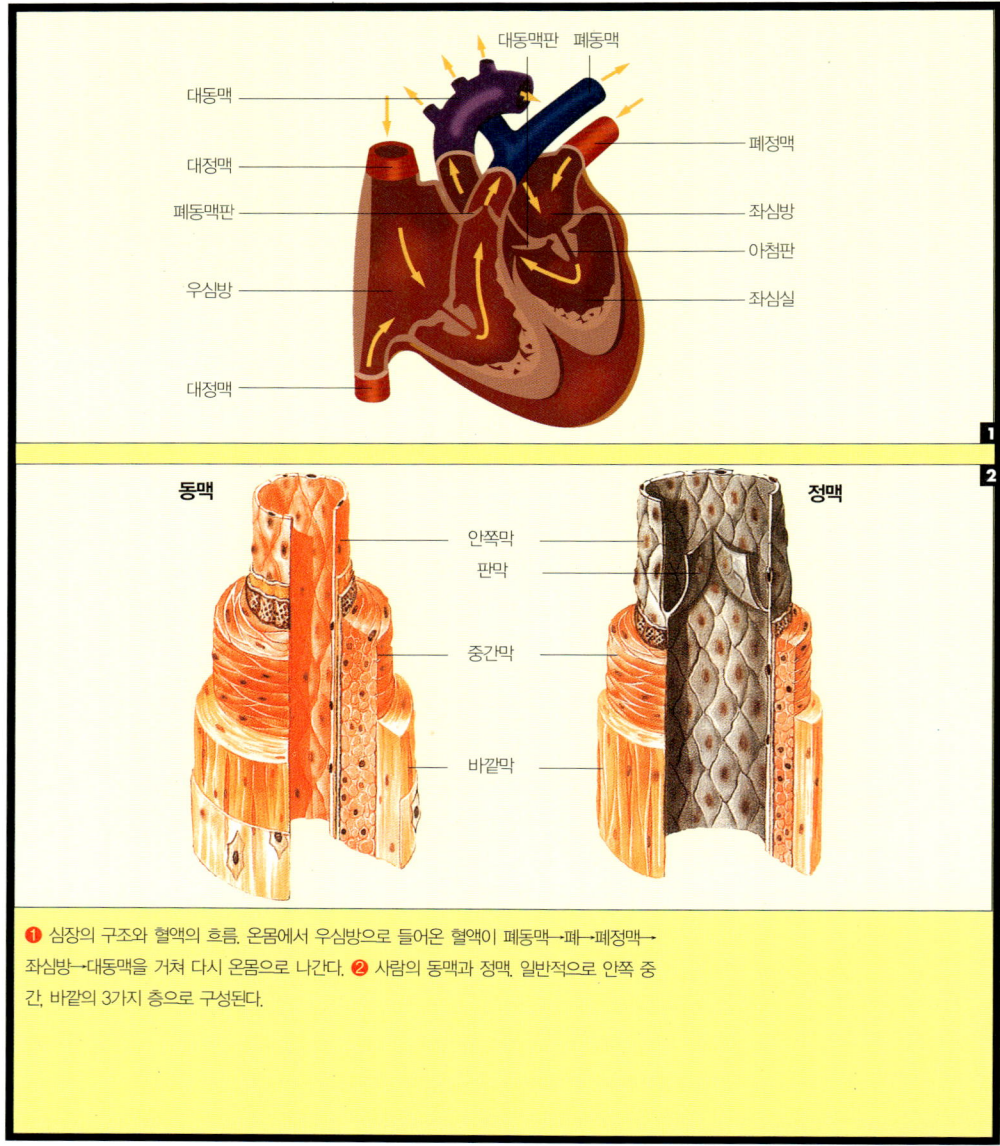

❶ 심장의 구조와 혈액의 흐름. 온몸에서 우심방으로 들어온 혈액이 폐동맥→폐→폐정맥→좌심방→대동맥을 거쳐 다시 온몸으로 나간다. ❷ 사람의 동맥과 정맥. 일반적으로 안쪽 중간, 바깥의 3가지 층으로 구성된다.

통로다. 혈액에 포함된 각종 영양분, 호르몬, 산소를 공급하고 노폐물들을 배설기관으로 수송한다. 따라서 혈관의 어느 한곳이라도 이상이 생기면 몸의 대사는 엉망이 되고 심하면 사망하기에 이른다.

혈관의 종류에는 크게 동맥, 모세혈관, 정맥이 있다. 심장에서 나가는 혈액이 흐르는 혈관을 동맥, 심장으로 들어오는 혈액이 흐르는 혈관을 정맥, 그리고 가늘게 가지를 치며 동맥과 정맥을 연결하는 부위를 모세혈관이라 한다. 가장 큰 혈관은 지름이 약 2cm인 대동맥이고, 가장 작은 혈관은 지름이 약 0.01mm인 모세혈관이다.

혈관은 일반적으로 내피세포로 구성된 안쪽막, 평활근 세포와 탄성조직으로 된 두꺼운 중간막, 그리고 결합조직으로 된 바깥막의 3층으로 이뤄져있다. 혈관의 안쪽은 매끈한 표면으로 돼있어 혈구가 손상되지 않고 혈관을 흐를 수 있게 한다. 중간막을

### 아시나요? 멍의 정체

심하게 부딪치거나 맞을 경우, 우리 몸에는 멍이 든다. 멍은 모세혈관이 터져서 피가 혈관 밖으로 나와 순환하지 못하고 굳어진 채 피부에 스민 것이다. 정맥피이기 때문에 짙은 보라색을 띠다가 시간이 지나면서 혈관 내로 흡수돼 없어지는데, 대개 2주일 만에 사라진다.

멍이 들면 사람들은 멍든 곳을 계란으로 문지르곤 한다. 계란의 껍질에는 뭉쳐있는 피를 흡수하는 성분이 있어서 상처부위를 가라앉히는 효과가 있다. 특히 계란 껍질을 벗기면 나타나는 막이 효과가 더 크다. 이외에도 생돼지고기를 잘게 저며 붙여주는 방법도 있다. 생돼지고기에는 피를 빨아들이는 성분이 있어서 부딪친 부위에 붙여놓으면 멍자국을 희미하게 해준다.

구성하는 평활근은 신경의 작용을 받아 혈관이 수축하거나 이완되도록 한다.

정맥은 벽의 중간막이 발달되지 않아서 동맥에 비해 적은 평활근과 탄성조직을 가진 얇은 벽으로 돼있다. 특히 팔과 다리에 있는 정맥에는 판막이 있어서, 혈액이 심장 쪽으로 흐르도록 한다. 한편 모세혈관의 벽은 안쪽막에 해당되는 내피세포 한 층만으로 구성돼있으며, 이 얇은 벽은 반투과성 막을 형성하여 이 막을 통해 혈액 안에 있는 물질과 체세포 주위에 있는 조직액 사이의 물질교환이 일어난다.

혈액이 혈관 속으로 흐르면서 혈관의 내벽에 미치는 힘을 혈압이라고 한다. 혈압은 심장의 주기에 따라 증가하고 감소한다. 심실이 수축할 때에는 혈압이 가장 높아지고 심실이 이완할 때에는 혈압이 가장 낮아진다. 정상적인 혈압은 120/80mmHg인데 앞의 수치가 수축기압, 뒤의 수치가 이완수치를 나타낸다.

흥분하거나 놀랄 경우, 그리고 열심히 운동을 할 경우, 심장박동이 빨라지므로 심장에서 나오는 혈액량이 많아져서 혈압은 증가한다. 반대로 상처가 나서 출혈이 심하면 심장에서 밀려나오는 혈액량이 적어져서 혈압이 낮아진다. 그리고 혈관이 수축되면 혈압이 높아지고 혈관이 확장되면 혈압이 낮아진다. 날씨가 추울 때 고혈압 환자들이 조심해야 되는 이유는 추운 날씨로 인해 혈관이 수축돼 혈압이 더 높아지기 때문이다. 또 목욕탕에 들어가서 몸이 더워지면 혈관이 확장돼 혈압이 내려가는데, 이때 갑자기 일어서면 혈액을 충분히 뇌로 보낼 압력이 없으므로 현기증이 나거나 졸도하게 되는 경우도 있다.

# 각종 음료에 든 비타민C 함유량

비타민C는 주로 과일과 야채에 많이 들어있는데, 피로회복에도 도움이 되고 멜라닌 색소의 생성을 억제하므로 주근깨 예방에도 효과가 있다. 우리 몸에 필요한 비타민C의 1일 섭취량은 약 70mg 정도다. 그러면 우리가 마시는 각종 음료에는 비타민C가 얼마나 함유돼있을까. 실험을 통해 알아보자.

**준비물 :** 여러 가지 음료, 컵 또는 유리병, 녹말용액, 요오드 용액, 뷰렛, 스탠드, 식초 또는 묽은 염산, 유리막대, 메스실린더(1백mL), 스포이트, 뷰렛집게

## 이렇게 해보자!

1. 메스실린더를 이용해 실험하고자 하는 음료 1백mL를 컵에 붓는다.
2. 식초 또는 묽은 염산을 2~3방울 넣고 녹말용액을 몇 방울 넣는다.
3. 뷰렛에 0.005M 요오드·요오드화칼륨 용액을 부은 뒤 한방울씩 음료에 떨어뜨리면서 음료와 잘 섞이도록 저어준다.
4. 청남색이 나타나면 실험을 중지하고 이미 들어간 요오드·요오드화칼륨 용액의 부피를 측정한다.
5. 측정된 부피와 요오드·요오드화칼륨 용액의 농도(0.005M)를 곱하여 비타민C의 농도를 구하고, 그 값에 비타민 C($C_6H_8O_6$)의 분자량(176)을 곱해서 비타민C의 질량을 알아낸다.

## 용액 만들기

1. 녹말용액 : 밥을 끓인 물을 사용하거나 감자가루 등의 녹말가루를 끓는 물에 녹여서 사용한다.
2. 요오드·요오드화칼륨 용액(0.005M) : 고체 요오드 1.3g을 에탄올 5백mL에 녹이고 요오드화칼륨 1.6g을 물 5백mL에 녹여 두 용액을 섞은 뒤 약간의 물을 첨가하여 1L로 만든다.

## 왜 그럴까?

용액이란 일정한 부피의 용매 안에 일정한 수의 알갱이가 있는 상태를 말한다. 음료수 안에도 우리 눈에는 보이지 않지만 비타민C 알갱이가 있다. 이러한 음료수에 요오드 요오드화칼륨 용액을 떨어뜨리면, 요오드 이온이 먼저 비타민C를 찾아내 모두 산화시키고 더 이상 비타민C가 없으면 그때서야 녹말과 결합해 청남색을 띠는 물질로 변화된다.

### 탐구마당
### 사이언스 어드벤처

뷰렛으로부터 요오드용액을 떨어뜨려 음료에 푸른 색이 나타나면 실험을 중지하고 음료의 비타민C 농도를 알아낸다.

### 실험결과 예시

**각종 음료의 비타민C 함유량**

| 음료 종류 (1백mL) | 사용된 요오드·요오드화칼륨 용액의 부피(mL) | 비타민C의 질량(mg) |
|---|---|---|
| 사이다 | 1.2 | 1.1 |
| 환타 | 1.5 | 1.3 |
| 이온음료 | 17.2 | 15.1 |
| 10% 파인주스 | 56.3 | 49.5 |
| 10% 포도주스 | 28.8 | 25.3 |
| 25% 살구주스 | 30.4 | 26.8 |
| 100% 사과주스 | 88.4 | 77.8 |
| 100% 야채주스 | 52.4 | 46.1 |
| 100% 오렌지주스 | 32.0 | 28.2 |
| 100% 혼합주스 | 43.2 | 38.0 |
| 녹차 | 10.6 | 9.3 |

결과가 위의 표와 같다면, 사과주스 1백mL를 마시게 되면 하루에 필요한 비타민C는 충분히 섭취하게 된다. 비타민C의 양은 신선도, 열, 공기와의 접촉 등에 의해 달라질 수 있으므로 실험결과에도 차이가 생길 수 있다.

## Survival Quiz 서바이벌 퀴즈

- 충치가 생기는 이유는 뭘까?
- 대변에서 나는 냄새는 어떤 과정에서 만들어지는 걸까?
- 헬리코박터균이 위 속에서 살 수 있는 이유는 뭘까?
- 백혈병에 걸리면 어떤 증상이 나타날까?

# 2 건강한 몸

음식물이 몸속에서 제대로 소화 흡수되지 않으면 탈이 난다. 무엇이 문제가 되기에 병이 생기는 걸까? 건강한 몸을 유지하기 위해서는 어떻게 해야 할까?

**1 충치**
90% 이상이 앓는 병

**2 똥**
냄새나는 건강지표

**3 방귀**
소리에서 냄새까지

**4 소화와 질병**
소화기관에 문제가 생기면?

**5 순환계 질병**
순환기관에 문제가 생기면?

소화, 위대한 드라마

## 충치

## 90% 이상이 앓는 병

**음식물이 제일 처음** 들어오는 곳은 입이다. 우리 입안에서 가장 잘 생기는 병이 바로 '충치'인데, 우리나라는 세계보건기구가 대표적인 '충치발생국'으로 지목할 정도로 충치가 흔하다. 또 성인 중 절반 이상이 잇몸에 만성염증이 나타난다고 한다. 충치는 왜 생기는 것인지, 충치를 예방하는 방법은 무엇인지 알아보자.

또 우리나라 국민들은 껌을 많이 씹는다. 한 관계자의 말을 빌리면 우리나라 껌 소비량은 미국 다음으로 많고, 1인당 소비량으로 따지면 세계 최고라고 한다. 껌은 입에 들어갈 때는 딱딱하지만 씹어서 단물이 빠지고 나면 흐물흐물해지는 묘한 습성 때문에 인간의 씹고 싶은 욕구를 채워주기도 한다. 껌을 씹으면 충치 예방에 도움이 된다고 하는데, 그에 대해서도 알아보자.

### 충치는 왜 생길까?

구강 내 세균들은 치아에 붙어있는 미세한 당 성분을 먹고 산다. 이 세균들이 번식해 형성된 것이 치면세균막이다. 이 세균들은 산성물질을 배설하여 치아표면의 칼슘과 인 등 무기질성분을 녹여 이를 삭게 만든다. 이와 같이 삭은 치아를 충치라고 한다. 치아표면의 성분은 수산화인회석인데, 수소이온농도지수(pH)가 5.0 정도면 칼슘과 인성분이 녹아 빠져나간다. 세균이 배출한 산은 이보다 더 낮은 수소이온농도지수를 가지기 때문에 치아표면이 쉽게 상한다.

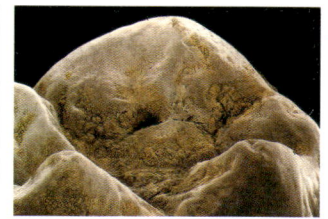

🔴 치아 표면에 붙은 세균막. 세균은 산을 배설해 표면을 녹인다(10배 확대한 모습).

충치는 아동에게 많이 생기며 한번 발생하면 저절로 낫지 않는다. 또한 충치는 만성질환이어서 처음 생겼을 때는 아무런 통증이나 불편함이 없지만, 시간이 지날수록 구멍이 커지고 신경까지 접근하는 단계에 이르면 치아뿌리와 턱뼈에 고름주머니가 만들어져 결국 치아를 뽑아야 한다. 우리나라에서는 현재 약 90% 이상의 사람들이 충치를 앓고 있거나 치료한 경험이 있다.

### 생활 속 충치예방법

'둥근해가 떴습니다. 자리에서 일어나서 제일 먼저 이를 닦자…' 어린이들이 즐겨부르는 노래가사다. 그러나 아침밥을 먹기 전에 이를 닦으면 아무런 효과가 없다. 따라서 이 노랫말은 밥을 먹은 후에 이를 닦는 내용으로 바꿔야 한다.

충치를 예방하려면 우선 식사 후나 잠자기 전 이를 잘 닦아야

> ● **수소이온농도지수 (pH)**
> 산성과 염기성의 정도를 나타내는 수치. 1에서 14사이의 수치로 나타내는데, 7이면 중성, 7보다 작으면 산성, 7보다 크면 염기성임을 뜻한다. pH값이 작을수록 강산성 환경임을 나타낸다.

소화, 위대한 드라마

❶ 치아의 구조. 무리한 턱운동은 치은과 치근막 조직에 손상을 입힌다. ❷ 치과에서 충치를 치료해야 하는 고통을 피할 수 있는 한 가지 방법은 껌을 씹는 것이다. ❸ 튼튼이 마크가 있는 껌

한다. 또한 당분이 많이 함유된 초콜릿, 사탕, 비스켓 등의 간식은 가급적 피하고 야채나 과일을 자주 먹는 것이 좋다.

최근에는 설탕 대신 대체 감미료를 사용한 껌이나 사탕, 과자 등 충치가 생기지 않는 제품이 판매되고 있다. 세계적으로 공인 받은 충치방지용 제품에는 치아가 우산을 쓰고 있는 모양의 '튼튼이 마크'가 상품 겉포장에 인쇄돼 있다. 이 마크는 스위스의 국제치아보호협회에서 공인된 임상실험을 거쳐야 받을 수 있다. 실험에서 치면세균막의 수소이온농도지수가 5.7 이하로 내려가지 않으면 합격 점수를 받는다.

○ 세계적으로 공인된 튼튼이 마크. 단맛은 유지한 채 충치를 예방하는 기능이 검증됐음을 의미한다.

치과에서는 어금니 중 충치가 생길 만한 치아표면의 틈을 미리 막아버리거나 모든 치아에 불소를 몇 차례 바르는 등의 진료를 통해 충치를 90% 이상 예방할 수 있다. 불소는 치아를 강하게 하고 치아가 산에 부식되는 것을 어느 정도 막아주는 세계적으로 공인된 충치예방제다. 치아를 화학명으로 표현하면 수산화인회석인데, 이것에 불소가 접촉하면 치아표면이 불화인회석으로 변한다. 이 불화인회석이 치아를 덮어 산으로부터의 피해를 막는 것이다.

최근 치과에서 불소용액을 판매하고 있다. 치아를 닦고 물로 입안을 헹군 뒤 불소양치용액을 10cc 정도 따라 1분 동안 입에 넣었다 뱉으면 충치예방 효과를 볼 수 있다. 한편, 시민들이 사용하는 상수도 물에 아주 약한 농도의 불소를 직접 타는 방법도 있다. 현재 미국, 오스트레일리아, 뉴질랜드, 동남아시아 등 많은 나라들이 시행하고 있다.

우리나라도 1981년부터 청주시와 진해시에서, 그리고 근래에는 과천시에서 이 방법을 시행하고 있다. 다수의 치의학계 관계

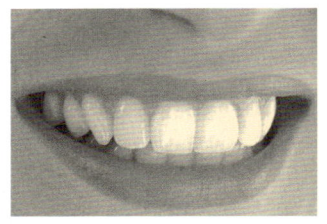
○ 건강한 치아

자들은 적은 양의 불소를 섭취하면 충치예방에 큰 효과가 있으므로 수돗물 불소화 사업을 확대 실시할 것을 주장하는 반면, 환경학자들은 불소의 안전성과 효과가 아직 확실히 검증되지 않았을 뿐만 아니라 인체와 환경에 미치는 부작용 등을 고려하여 시행하지 말아야 한다고 주장하고 있다.

### 도움이 안 되는 사랑니

성인의 치아 수는 사랑니 4개를 포함해 모두 32개다. '사랑니'는 사람이 사랑할 나이(약 20세)가 됐을 때 난다고 해서 붙여진 이름이다. 서양에서는 성인이 돼 지적수준이 어느 정도 성숙해졌을 때 난다고 해서 '지치'라고도 한다. 사랑니가 나게 되면 어금니가 뻐근하게 아프고 어금니 맨 뒤 부위가 부어 통증이 생긴다. 그러나 사랑니는 진화상 퇴화과정에 있는 부분이므로 성인의 약 3분의 1 정도는 나타나지 않는다.

사랑니가 정상적으로 똑바로 나면 별 문제가 없다. 그러나 치아가 날 자리가 부족해 바로 앞의 치아를 밀면서 나거나 비뚤게 나는 수가 많다. 또한 일단 자란 사랑니는 치열의 맨 끝에 위치해서 잘 닦이지 않아 입냄새의 원인이 되기 쉽다. 앞 치아(어금니)와 적절하게 접촉하지 못한 탓에 음식물이 잘 끼어 주위에 염증이 자주 발생하고, 심지어 어금니까지 상하게 하는 일도 많다. 이처럼 사랑니는 별로 사용가치도 없고 주위 치아에 나쁜 영향을 미치므로 진단을 거친 후 미리 제거하는 것이 좋다.

### 껌의 여러 가지 기능

근래에는 껌 제조회사들이 껌의 기본적인 성분에 약간의 특수한 성분을 첨가하여 여러 가지 기능을 가진 껌을 만들어내고 있다. 항균작용을 통해 건강을 증진시키고, 독특한 맛과 향을 내 입냄새를 제거하고, 커피성분을 많이 넣어 졸음을 방지하는 효과를 노리기도 한다. 하지만 껌은 특수한 성분을 첨가하지 않더라도 그 자체가 다양한 기능을 가지는 '기능성 식품'이다.

우선 껌은 정신적으로 사람의 긴장감을 풀어준다. 무엇인가를 계속 씹음으로써 복잡한 업무로 인한 스트레스를 정신적으로 완화시키고 느긋함을 갖게 된다. 하지만 껌의 중요한 기능은 타액(침)의 분비를 증가시키는 것이다.

타액은 여러 가지 소화효소를 지니고 있기 때문에 몸의 소화작용을 도와준다. 또 타액은 각종 세균을 죽이거나 그 증가를 억제시키는 항균작용을 한다. 산성이나 알칼리성과 같은 화학적 자극을 중화시키거나 완충시키는 역할을 하는 것도 타액이다. 당성분이 있는 과자, 초콜릿, 사탕 등을 자주 먹으면 충치에 잘 걸리는데, 타액은 이런 현상을 방지하고 차단하는 역할을 한다. 당성분이 치아표면에 묻어있어도 타액의 양이 많아 자주 씻겨지면 아무래도 당성분이나 세균의 양이 줄어들기 때문이다. 더욱이 항균효과까지 있으므로 청정효과는 더욱 좋을 것이다. 또 세균들이 산을 배설했더라도 타액이 흘러 들어가서 중화시키거나 완충작용을 하면 그 산의 위력은 약해지고 결과적으로 충치를 예방하는 데 상당한 도움이 될 수도 있다. 따라서 식사 후 껌을 적절히 씹어 타액의 양을 증가시키면 충치예방효과를 볼 수 있다.

그러나 문제는 대부분의 껌에 충치를 유발하는 당

# 소화, 위대한 드라마

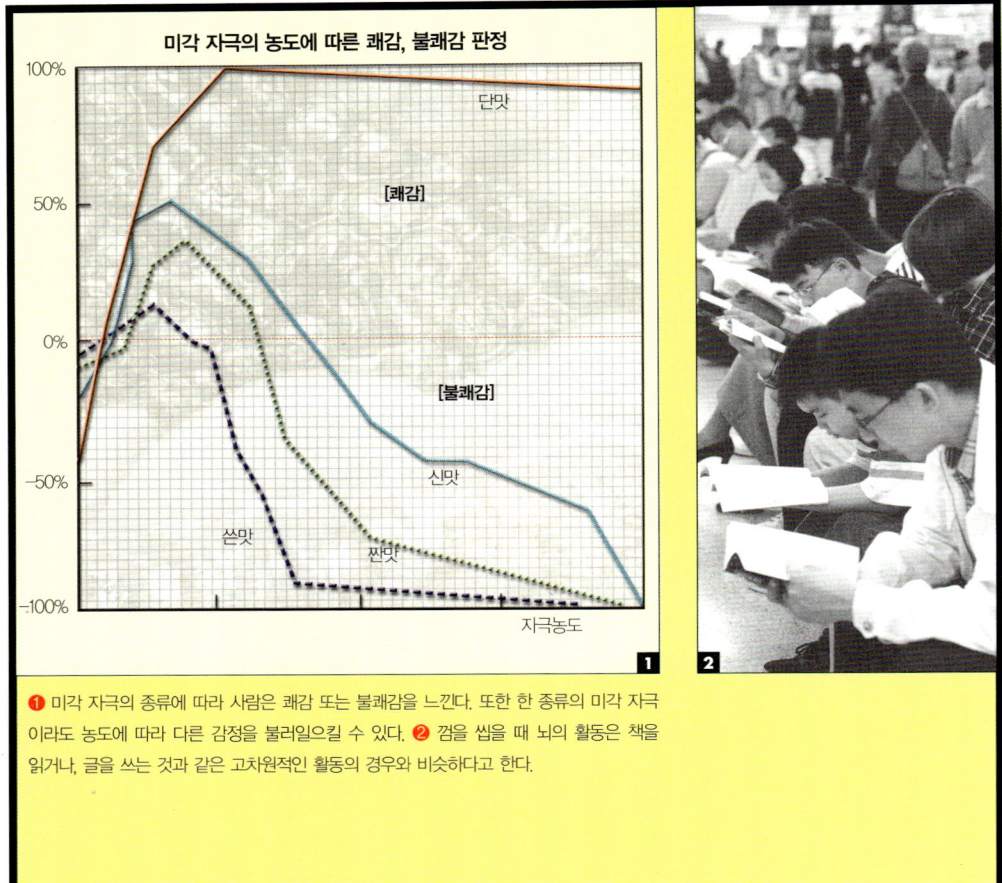

❶ 미각 자극의 종류에 따라 사람은 쾌감 또는 불쾌감을 느낀다. 또한 한 종류의 미각 자극이라도 농도에 따라 다른 감정을 불러일으킬 수 있다. ❷ 껌을 씹을 때 뇌의 활동은 책을 읽거나, 글을 쓰는 것과 같은 고차원적인 활동의 경우와 비슷하다고 한다.

성분이 포함돼 있어 단맛을 낸다는 점이다. 입안을 깨끗이 하고 충치를 예방할 목적으로 껌을 씹지만 껌에 들어있는 당성분에 구강내 세균들이 붙어 오히려 충치 발생을 증가시킬 우려가 있다. 따라서 껌을 씹으려면 어느 정도 오랫동안 씹어서 단물이 다 빠지고 난 뒤까지 씹어야 한다. 한 실험에 따르면 대략 20여분

이상 껌을 씹어야 충치를 예방하는 효과가 나타난다고 한다.

　근래 충치를 유발할 수 있는 당성분 대신 인공감미료인 솔비톨이나 자일리톨, 또는 아스파탐 등을 설탕 대치식품으로 넣어 껌의 단맛은 유지하되 충치는 발생시키지는 않는 제품이 제조돼 인기를 얻고 있다.

### 껌이 주는 스트레스

　그런데 껌이 충치예방에 좋다고 해서 마냥 씹고 있을 수만은 없는 일이다. 껌을 8분 이상 씹으면 잇몸염증을 일으키고 뇌에 불안정감을 유발하는 등 스트레스를 더 받게 된다는 주장도 제기되고 있다.

　인간은 미각과 후각 등 자극의 종류에 따라 쾌감이나 불쾌감과 같은 다양한 정서적 반응을 나타낸다. 껌을 씹어 느끼는 독특한 향과 단맛은 쾌감자극에 속한다. 껌을 씹어 느끼는 단맛과 향으로 인해 스트레스로 인한 교감신경의 작용이 억제되고 부교감신경이 활성화됨으로써 쾌감을 느낄 수 있다. 그러나 껌을 계속 씹는다고 이 효과가 지속되는 것은 아니다. 단맛과 향이 느껴지는 시간인 약 8분 정도만 효력이 있다. 그 이후에는 오히려 스트레스가 더해진다. 왜 그럴까?

　사람의 대뇌피질 중 한가운데에는 손톱만한 크기로 복숭아씨처럼 생긴 편도핵이 있다. 편도핵은 감정을 주관하는 기관이다. 미각과 후각에 대해 사람이 어떤 정서를 느끼게 되는 이유는 바로 이 편도핵이 자극을 받기 때문이다. 껌의 향과 맛이 편도핵을 자극하면 껌을 씹는 사람에게 유쾌한 감정이 유발된다.

　그런데 시간이 흐르면서 껌의 단물도 다 빠지고 향기도 다 날

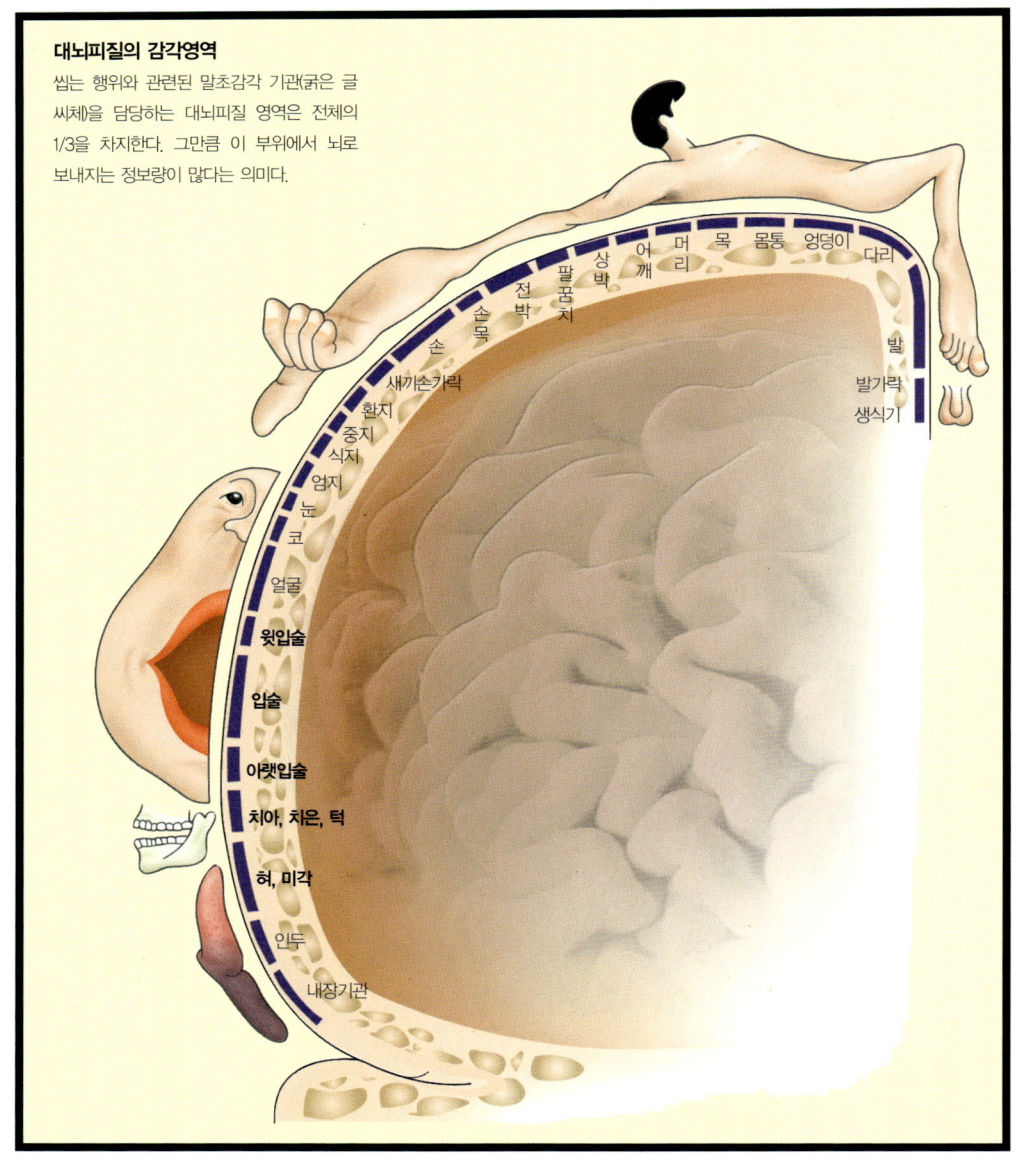

아가 버려 더 이상 편도핵을 자극하지 못하게 되면, 껌씹기 운동에 대한 대뇌의 관여가 줄어들게 된다. 대신에 기계적이고 반사적인 턱운동이 이뤄지게 된다. 이때 운동의 중추는 소뇌가 된다. 따라서 규칙적이던 턱운동이 불규칙해지면서 침을 삼키는 횟수도 줄어든다.

인체는 이를 사전에 예방하기 위해 방어체계를 구축한다. 예를 들어, 씹는 근육의 피로를 일으키게 하고, 혀의 운동을 둔하게 하며, 미각을 쓴맛으로 유도하고, 타액분비를 감소시켜 결국에는 껌 씹기를 그만두게 하는 것이다. 더 이상 부교감신경이 작용하여 쾌감을 주지 못하고, 교감신경이 작용하는 스트레스 상황에 놓이게 된다. 스트레스 해소를 가져다준 껌이 이제는 오히려 스트레스를 더해주는 역할로 변한 것이다. 따라서 스트레스 해소를 위해 껌을 씹으려면 껌의 단물과 향이 살아있는 시간인 8분 정도가 적절하다.

그런데 앞서 말했듯이, 껌을 씹어서 입안의 이물질을 제거해 충치예방에 도움이 되려면 단물이 다 빠진 이후에도 몇 분 동안 더 씹어야 한다. 껌의 종류에 따라 차이는 있겠지만 단물만 빨고 껌씹기를 그만두면 껌의 당성분이 오히려 충치의 원인이 될 수 있기 때문이다. 스트레스 해소냐 충치예방이냐에 따라 껌 씹는 시간을 조절해야 하는 셈이다.

## 똥 냄새나는 건강지표

*Digestion*

**태어나면서 죽을 때까지** 끊임없이 일어나는 배변. 흔히 냄새나고 더럽다고 생각하지만 배변을 하지 않고서는 생명을 유지할 수 없다. 배변은 없어서는 안 될 존재인 동시에 우리 몸의 중요한 건강지표다.

### 30~50%가 세균덩어리

소변과 달리 대변은 일정한 형태를 띠고 있다. 바로 고형성분 때문이다. 이 고형성분의 30~50%는 장내 세균덩어리다. 그리고 나머지는 소화되지 않은 음식물의 찌꺼기와 장벽에서 떨어져나온 세포, 그리고 소화액 등으로 이뤄져있다. 대변의 70%는 수분이 차지한다. 변이 묽거나 된 것은 바로 수분의 함량 차이 때문이다. 대변의 80% 정도가 수분이면 설사로 변하고, 반대로 물의 양이 40~60% 정도로 줄면 단단해지면서 변비가 된다.

우리 몸을 이루는 세포의 수가 수백조 개에 이른다면 장 속에는 그 10배인 수천조 개의 미생물이 살고 있다. 사람의 몸무게 중 1~1.5kg은 바로 이들 미생물의 무게다. 장에 살고 있는 미생물은 크게 두 종류, 즉 몸에 이로운 균과 해로운 균으로 구분된다. 이들의 양은 음식물의 종류나 몸의 상태에 따라 끊임없이 변한다.

예를 들어, 세균에 감염된 음식을 먹으면 몸에 해로운 균의 양이 급속히 늘어나서 설사를 비롯한 각종 질병에 걸리기 쉽다. 반대로 유산균과 같은 이로운 미생물이 많아지면 장에 좀처럼 탈이 나지 않는다. 평소 유산균이 함유된 음식을 많이 섭취해야 하는 이유가 여기에 있다.

대부분의 장내 미생물들은 장 속으로 들어온 음식물을 먹이로 살아 가면서 비타민 K를 생성하고, 영양소 섭취를 도우며, 쓸개즙의 재순환을 가능하게 하고, 다른 병원균이 장내에 서식하지 못하도록 막아준다. 그리고 몸 속으로 나쁜 균이 침입했을 때 우리 몸을 방어해주는 면역성까지 갖추도록 도와준다.

### 고약한 냄새의 정체

대변과 떼려야 뗄 수 없는 것이 냄새다. 냄새의 주인공은 장내 세균이 음식물을 소화시키면서 만들어내는 스카톨과 인돌이다. 여기에 소화과정 중에 만들어지는 소량의 황화수소와 메탄가스,

# 소화, 위대한 드라마

❶ 규칙적인 운동은 장운동을 정상으로 만들고, 복근을 강화시키며, 스트레스를 줄여준다. ❷ 유산균이 많이 함유된 야채 ❸ 유산균 음료 제품. ❹ 고기같은 단백질 식품은 소장에서 완전히 흡수돼 대변의 찌꺼기를 만들지 않는다. 하지만 동물성 단백질에 포함된 스카톨이나 인돌은 대변 냄새를 고약하게 하는 원인이 되기도 한다.

암모니아도 냄새를 낸다. 동물성 단백질 섭취가 많아지면 스카톨과 인돌이 더 많이 생성되기 때문에 대변의 냄새도 더 고약해진다.

한편, 장티푸스나 콜레라 등의 병에 걸리면 대변의 냄새가 더 지독해진다. 유산균과 같이 인체에 유익한 물질을 만들어내는 균은 젖당을 먹이로 사용하지만, 대부분의 병원균은 젖당을 먹이로 사용하지 않는다. 젖당을 먹이로 사용하는 균은 악취를 내지 않지만, 젖당을 먹이로 사용하지 않는 균들은 지독한 냄새를 풍기는 분해산물을 만들기 때문에 병원균을 포함한 대변은 평소와 다른 지독한 냄새를 풍기게 된다.

### 눈으로 확인하는 건강

TV나 신문을 보면 황금색 변을 건강의 상징으로 선전하는 우유나 요구르트 광고를 종종 볼 수 있다. 실제로 대변의 색은 대장의 상태를 어느 정도 보여준다.

대변의 색깔이 자장면같이 까만색을 띠는 경우를 흑변이라고 하는데, 식도나 위, 혹은 십이지장에서 출혈이 있을 때 나타난다. 약 60mL 이상의 장출혈이 있으면 혈액이 위액에 의해 산화되면서 눈으로 확인할 수 있는 흑변이 나온다.

붉은색 대변은 대장이나 직장, 항문 또는 위나 십이지장에서 출혈이 너무 많을 때 혈액이 대변에 섞이면서 나타난다. 대변에 피가 묻어있는 상태를 잘 관찰하면 출혈부위를 짐작할 수 있다. 비교적 식도나 위와 같은 소화관 위쪽 부위의 장출혈은 피가 대변과 충분히 섞이기 때문에 대변이 전체적으로 암적색을 띤다. 반면 직장, 항문 등 아래쪽 부위의 출혈일 경우는 대변의 겉에

빨간색 피가 묻어나온다. 양과 색깔에 관계없이 대변에 피가 묻어 있을 때는 내장출혈을 의심하고 그 원인을 찾아야 한다.

일반적으로 대변은 물 속에 가라앉는다. 만약 대변이 물위에 뜨면서 기름방울이 있고, 흰 점토 같은 색을 띠면 지방변을 의심할 수 있다. 이것은 쓸개나 이자에서 나오는 소화액의 분비가 원활하지 못해 생긴 것으로, 지방이 소화되지 못하고 그대로 대변으로 배설돼 나타나는 결과다.

또 갑자기 대변의 굵기가 가늘어지면서 변비가 생기면 대장과 직장의 암을 의심해봐야 한다. 대장 벽에 암덩어리가 생기면 통로가 좁아져 대변의 굵기가 가늘어지기 때문이다. 하지만 오래 전부터 자주 대변의 굵기가 변했던 사람은 스트레스에 의해 대장 기능이 저하된 과민성대장증후군일 가능성이 훨씬 높다.

### 잘못 알려진 상식

아침에 변을 보는 사람이 건강하다, 형태가 고르고 굵은 변이 좋다, 아침 공복에 찬물 한 컵을 마시는 것이 변비를 막는다는 등…… 배변과 관련된 이야기들을 많이 들어보았을 것이다. 과연 얼마나 근거있는 이야기들일까?

흔히 아침에 변을 보는 사람이 건강하다고 하지만 배변에서 중요한 것은 특정한 시간이 아니라 규칙성이다. 또 변의 단단하고 무른 형태는 수분의 함량에 관계된 것이지 건강상태를 말해주는 것은 아니다. 또 아침에 일어나 냉수를 마시는 것이 변비에 좋다고 말하지만 이것도 큰 설득력은 없다. 물론 평소에 수분을 충분히 섭취하는 것은 좋은 습관이다. 그래야 대장이 수분을 재흡수하여 변이 딱딱해지는 것을 어느 정도 막을 수 있다. 하지만 특정한 시간에 물을 마시는 것이 중요한 것은 아니다. 수분을 많이 섭취한다고 해서 대변의 수분함량이 한없이 높아지는 것은 아니다. 먹은 수분의 양에 따라 조절되는 것은 소변의 양이지, 대변의 수분량은 크게 영향을 받지 않는다. 오히려 대변의 수분함량을 늘리기 위해서는 섬유소 섭취를 늘리는 것이 좋다.

### 아시나요? 가지가 있는 균, 비피더스

요쿠르트에는 유산균이 많이 포함돼있어서 장에 좋다고 알려져 있다. 현재 시판되고 있는 요쿠르트 중에는 비피더스균이 포함돼있어서 장에 더 좋다는 광고를 하는 제품도 있고, 요쿠르트 이름에 아예 '비피더스'라는 말을 넣은 제품도 있다.

비피더스는 유산균 중에서 가장 먼저 관심을 끈 것으로, 라틴어로 '가지가 있다'는 뜻이다. 1899년 프랑스 파스퇴르연구소의 티셔 박사가 모유를 먹고 자란 아기의 대변에서 처음 분리해냈다.

비피더스의 역할이 크게 주목받는 이유 중의 하나는, 이 균이 장에서 젖산과 초산을 생성함으로써 장의 산성도를 높인다는 점이다. 그 결과 장에 이미 존재하거나 외부에서 유입된 병원성 미생물이 맥을 못추게 만든다. 물론 변비나 설사, 그리고 장암을 예방하고 콜레스테롤 수치를 떨어뜨리는 등 다양한 효능을 발휘한다.

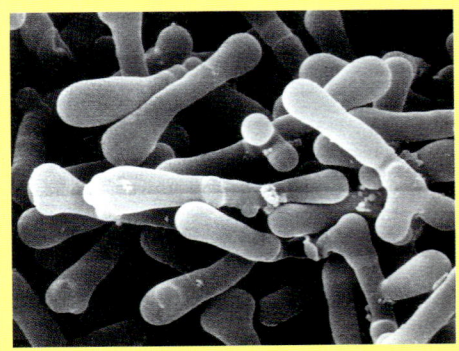

○ 1998년 8월 특허를 받은 '한국형 비피더스 종균'의 전자현미경 사진. 우리나라는 세계에서 여섯 번째로 비피더스 종균을 개발했다.

## 소리에서 냄새까지

**방귀**

*Digestion*

**방귀는 누구나 일상적으로** 경험하는 생리현상이지만, 그 정체에 대해 생각하면 궁금한 점이 한두가지가 아니다. 왜 어떤 사람들은 방귀를 많이 뀔까? 방귀를 뀔 때 소리가 유난히 크게 나는 사람이 있는데, 그 이유는 무엇일까?

### 대장 안의 세균과 방귀

방귀란 장 속에 있는 공기가 항문을 통해 빠져나가는 현상이다. 우리 몸 속에서는 끊임없이 가스가 들어오고, 생성되고, 소모되며, 몸밖으로 나가는 현상이 반복된다. 평소에 소장과 대장에는 평균 2백mL의 가스가 남아있다. 사람들은 의식하지 못하는 중에 하루 평균 13번가량 방귀를 뀐다. 전체 가스 방출량은 적게는 2백mL, 많게는 1천5백mL에 이른다.

장 속의 가스는 대부분 질소, 산소, 이산화탄소, 수소, 메탄가스 등으로 이뤄져 있다. 이들은 색깔도 없고 냄새도 없는 기체다. 그렇다면 왜 방귀 냄새는 그토록 고약한 것일까?

장에 생기는 가스의 일부는 위에서 내려온 것이다. 위 안의 공기는 주로 음식물을 삼킬 때 생긴다. 음식물을 한번 삼킬 때마다 수mL의 공기가 위 안으로 들어가는데, 이 공기는 대부분 트림할 때 몸밖으로 나가고 일부가 장으로 내려가 항문을 통해 나간다.

대부분의 방귀는 대장에서 발생한다. 소장에서 흡수되지 않고 대장으로 내려온 여러 가지 음식물이 대장 내에 살고 있는 세균에 의해 분해되면서 방귀가 생기는 것이다. 대장에서 생기는 가스 중에서 가장 많은 것은 수소인데, 음식물이 소장에서 잘 흡수되지 않을 때 장 내의 세균이 음식물을 발효시켜 발생한다.

◎ 방귀를 많이 만드는 음식인 빵과 콩.

과일이나 야채류, 특히 콩 종류에는 소장에서 분해·흡수되지 않는 단당류가 들어있다. 또 밀, 귀리, 감자, 옥수수 등에도 완전히 흡수되지 않는 다당류가 함유돼있다. 흔히 식품 첨가제로 사용되는 설탕류나 섬유소도 소장에서 흡수되지 않고 대장으로 내려간다. 특히 드링크류에 들어있는 과당과 저칼로리 감미료(솔비톨·펙틴·헤미셀룰로스)가 소장에서 흡수되지 않는 대표적인 성분이다. 이들이 대장에서 세균에 의해 분해되면서 수소가 발생하는 것이다. 그러나 세균 중 일부는 수소를 소모하기도 한다. 그래서 수소를 생성하는 세균과 소모하는 세균 사이에 누가 더 활발하게 작용하느냐에 따라 장내 가스의 양이 조절된다.

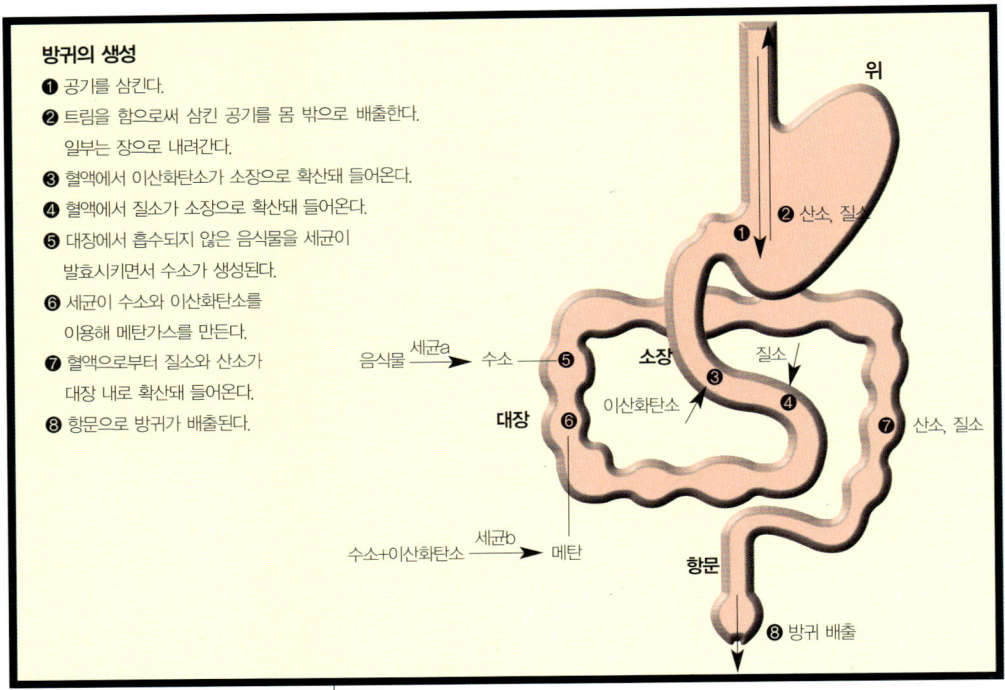

### 냄새, 소리, 횟수의 진실

우리 장에 있는 세균들 중에서 수소를 소모하는 세균은 수소와 이산화탄소를 이용해 메탄가스를 만들어낸다. 수소나 메탄가스는 세균에 의해 음식물 속에 포함돼 있는 성분의 하나인 유황과 결합한다. 이 유황이 바로 독한 냄새를 일으키는 장본인이다. 유황을 포함한 가스가 많을수록 방귀 냄새가 많이 난다.

따라서 방귀 냄새가 독하다는 것은 건강과는 별다른 연관성이 없다. 물론 대장에 질환이 있어 대장속의 음식물이 꽉 막혀있으면 가스가 더 많이 생기기 때문에 냄새가 지독해지겠지만, 일반적으로 방귀 냄새와 대장의 질병을 연관짓기란 어렵다.

그럼 방귀 소리가 유달리 큰 이유는 무엇 때문일까? 방귀 소리는 배출되는 가스의 양이나 압력, 치질과 같은 항문질환 등 가스 배출통로에 영향을 주는 항문 주위의 상태에 의해 결정된다. 같은 힘을 줄 때 통로가 좁을수록 소리가 크게 나기 마련이다. 따라서 유난히 '밀어내는' 힘이 크거나 치질로 인해 통로가 부분적으로 막힌 사람의 경우 남보다 방귀 소리가 크게 난다.

사람들은 흔히 방귀를 뀌는 횟수를 건강과 연관지어 다양하게 해석하곤 한다. 예를 들어 방귀를 뀌는 것은 소화가 잘됐다는 증거이기 때문에 건강한 사람이 방귀를 많이 뀐다고 말하는 사람이 있다. 다른 한편으로는 방귀를 많이 뀌는 것은 소화가 잘 안 되는 무슨 병이 있기 때문이 아닌지 걱정하는 경우도 있다. 장에서 음식물을 충분히 흡수하지 못하는 질환이 있는 사람이라면 가스의 양이 많아질 것이기 때문이다.

그러나 방귀는 주로 먹은 음식물이 소장에서 흡수되지 않을 경우, 그리고 장에서 가스를 만드는 세균이 가스를 소모하는 세균보다 많은 경우 더 많이 발생하기 때문에 건강과는 직접적인 관련이 없다. 방귀를 많이 뀌는 사람은 가스를 많이 만드는 젖당, 전분, 콩 종류와 같이 장에서 분해가 잘 안 되는 음식을 적게 먹으면 방귀의 양을 줄일 수 있다.

우리나라 사람은 우유를 먹으면 설사를 하거나 뱃속에 가스가 많이 차서 방귀를 자주 뀌게 되는 경우가 많다. 나이가 들면서 젖당을 분해하는 효소가 감소하는 사람들이 체질적으로 많기 때문이다. 그러나 이런 사람들도 우유성분이 들어있는 요구르트는 먹어도 괜찮다. 요구르트 속에는 유산균이 들어있어서 젖당을 분해하는 효소를 분비하기 때문이다.

## 소화기관에 문제가 생기면?

**소화와 질병**

    **정신적인 문제에** 가장 민감하게 반응하는 장기가 바로 소화기관이다. 우리가 흔히 쓰는 '속상하다' 라는 표현은, 오랜 경험을 통해 스트레스와 위 운동과의 관련성을 인식한 데서 비롯된 말로 볼 수 있다. 스트레스가 지속되면 교감신경이 활성화돼 소화 기능에 직접적인 악영향을 끼치므로 '속이 상하는' 것이다.
    이러한 소화 장애를 극복하기 위해서는 스트레스를 해소할 수 있는 적당한 운동이 필요하다. 소화기관에 생기는 질병에는 어떤 것이 있는지, 그 증상과 치료법은 어떤지 알아보자.

### 위궤양

우리가 먹는 음식물은 위에서 연동운동에 의해 잘게 부서지고, 위에서 분비되는 펩신에 의해 단백질이 분해된다. 위의 점막은 뮤신으로 덮여 있어서 위산이나 펩신으로부터 보호를 받게 된다. 그런데 어떤 이유로든 위벽이 헐어서 뮤신으로 덮이지 않고 노출되면 상처를 입어 속이 쓰리게 된다. 이와 같이 위벽이 허는 병을 '위궤양'이라고 한다.

심각한 스트레스와 긴장된 생활은 위산 분비를 촉진해 위궤양을 일으킬 수 있다. 커피, 니코틴, 알코올, 약 등도 위산 분비를 촉진시킨다. 특히 대부분의 약은 위를 자극하는데, 건강한 성인이라도 아스피린을 과량 복용하면 위벽에 출혈을 일으킬 수도 있다.

최근에는 헬리코박터균도 위점막의 보호작용을 약화시킨다는 사실이 알려졌다. 헬리코박터균은 헬리코박터 파이로리(HP)균을 줄여서 부르는 말로, '위의 유문(파이로리)에 사는 나선(헬리코) 모양의 박테리아(박터)'란 뜻이다. 헬리코박터균은 길이가 2~7$\mu m$이며 위점막에 기생한다. 1900년대 초부터 사람의 위에 생물이 산다는 주장이 있었지만, 위산으로 뒤덮인 위에는 생물이 살지 못한다는 의견이 지배적이었다. 그런데 1979년 호주의 병리학자 워렌이 위에서 세균을 발견한 데 이어, 1982년 호주의 미생물학자 마셜이 이 균의 배양에 성공하여 의학자들을 놀라게 했다.

헬리코박터 파이로리는 위점막의 보호작용을 약화시켜서 위염, 십이지장궤양, 위궤양 등을 유발시킬 뿐만 아니라 어린이의 성장 장애까지 초래한다는 증거들이 나오고 있다. 이 세균은 '우

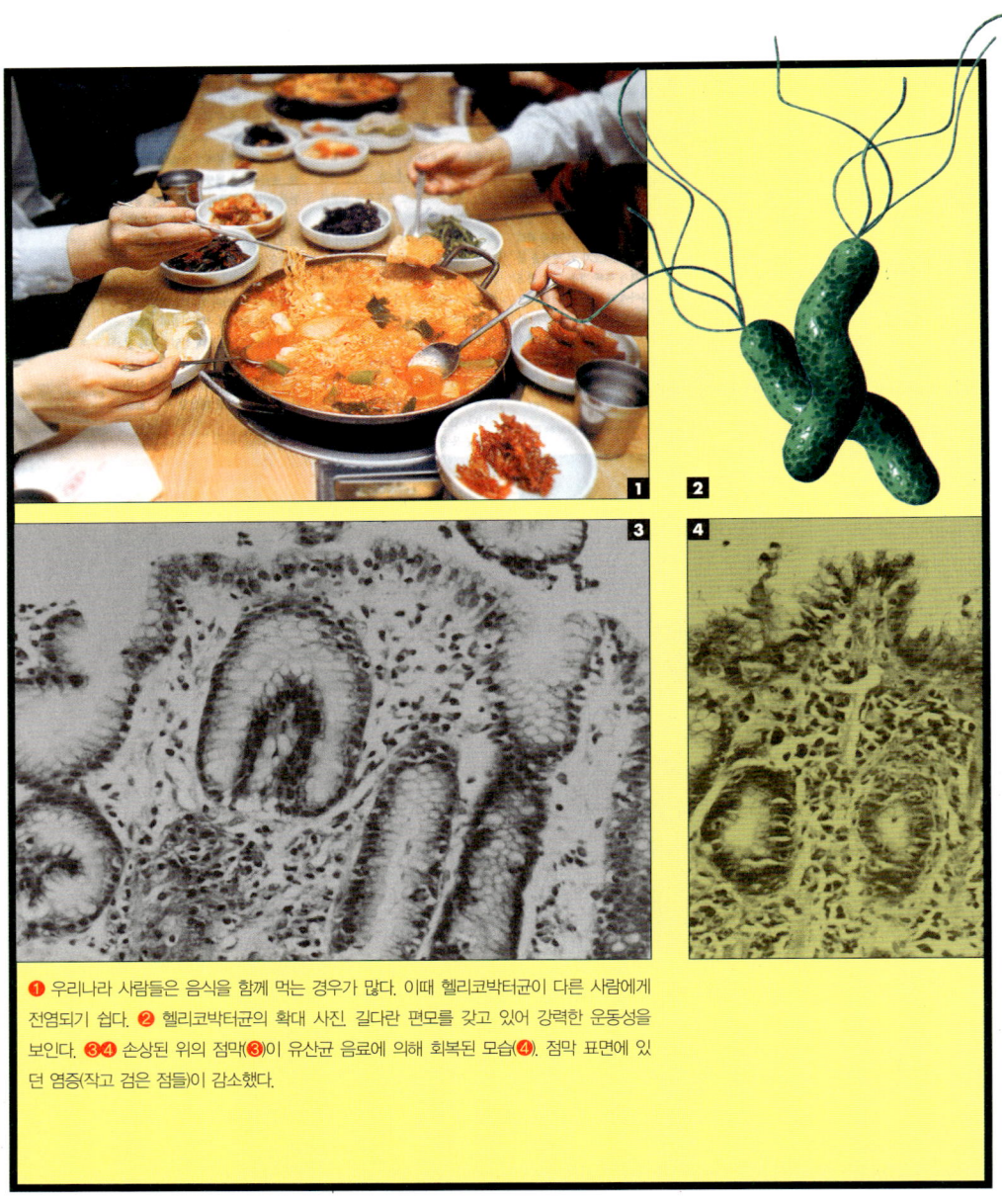

❶ 우리나라 사람들은 음식을 함께 먹는 경우가 많다. 이때 헬리코박터균이 다른 사람에게 전염되기 쉽다. ❷ 헬리코박터균의 확대 사진. 길다란 편모를 갖고 있어 강력한 운동성을 보인다. ❸❹ 손상된 위의 점막(❸)이 유산균 음료에 의해 회복된 모습(❹). 점막 표면에 있던 염증(작고 검은 점들)이 감소했다.

레아제'란 효소를 만들어서 위점막에 있는 아주 적은 양의 요소를 분해해서 알칼리성의 암모니아로 만들고, 이로써 주위의 환경을 중화시키는 방법으로 염산 속에서도 거뜬히 살아남는다. 그리고 3~4개의 편모를 갖고 있어서 뮤신층을 자유롭게 뚫고 지나갈 수 있다.

감염 경로에 대해서는 아직은 명확히 밝혀지지 않았다. 감염자가 토한 음식이나 대변에 오염된 물, HP에 오염된 식품 등을 통해 감염되는 것으로 추측되고 있는데, 주로 물과 야채를 통해 전파되는 것으로 알려져있다.

○ 제임스 블랙. 시메티딘을 발견한 공로로 1988년 노벨 생리의학상을 수상했다.

### 세상에서 가장 많이 팔리는 약

세상에서 가장 많이 팔리는 약은 뭘까? 종류가 가장 다양하면서도 많이 팔리는 약은 위장약이다. 위는 잠자는 곰과 같다. 어지간한 상처에 감각이 없다가도 일단 고장이 나면 계속해서 신경이 쓰일 만큼 통증이 느껴진다.

성인 10% 이상이 일생 동안 위궤양 및 십이지장궤양을 겪을 정도로 위장병은 흔하다. 위는 위산, 펩신 등으로부터 끊임없는 공격을 받는데, 이를 방어하기 위해 점막으로 덮여있다. 이러한 점에 주목하여 위장병 치료를 위한 위점막 보호제가 개발됐다. 시중에서 판매되는 위장약 중에는 위산을 중화해서 펩신을 약화시키는 약이 많다. 그런데 위점막 보호제는 위산의 분비를 차단하는 직접적인 효과를 나타내지는 않는다.

위산 분비를 차단하여 위산 자체를 줄이는 효과를 가져오는 약이 개발된 것은 1970년대였다. 시메티딘의 개발로 위궤양과 십이지장궤양 치료에 획기적인 전환을 가져온 것이다. 이 업적

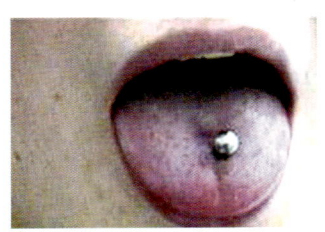

🔴 귀뚫기나 피어싱으로 인해 C형 간염의 가능성이 커진다.

으로 영국의 제임스 블랙은 1988년 노벨의학상을 수상했다.

시메티딘(상품명: 타가메트)이 개발되기까지는 장장 12년이라는 시간이 걸렸다. 제임스 블랙은 수백개의 새로운 화합물을 합성해서 약효를 알아보는 실험을 했다. 부작용이 나타나서 임상실험이 중지되는 등 우여곡절도 많았지만, 다시 화합물을 찾아서 그 효능성과 안전성을 입증해 나갔다. 그 결과 위산분비를 차단하는 최초의 약인 타가메트가 개발된 것이다.

### 간질환

간은 해독작용을 하므로 유해물질에 접하는 기회가 많고, 또 쓸개관을 거쳐 소장 내의 세균에도 접촉하는 일이 있다. 따라서 때로는 이들 세균이 간에 침범하여 염증을 일으키기도 한다. 간염은 간세포를 파괴하고 염증을 일으켜 간 기능을 저하시키는 질환이다. 증상이 거의 나타나지 않는 경미한 것부터 급격히 진행돼 사망에 이르는 것까지 다양하다.

간염은 술이나 약물도 원인이지만 바이러스 감염으로 인한 것이 80% 이상을 차지한다. 간염 바이러스에는 A, B, C, D, E, G형 등이 있다. A형은 대부분 자연치유되고 D, E, G형은 국내에 환자가 거의 없다. 문제가 되는 것은 B형과 C형이다. 우리나라 인구의 4~5%가 B형 간염 감염자며 1% 정도는 C형 간염 감염자인데, 이 중 C형이 증가하는 추세다.

간염은 침이나 피부접촉으로 전염되는 것이 아니라, 주로 혈액을 통해 전염된다. B형 간염은 아기가 태어날 때 엄마로부터 병을 얻는 모자간 수직감염의 경우가 많다. B형 간염은 5세 이전에 감염돼 사춘기에 보균상태로 있다가 어른이 돼서 발병하는

경우가 대부분인데, 아기일 때 백신을 맞으면 예방이 가능하다.

C형 간염은 혈액을 통한 감염의 위험이 높으므로 문신이나 귀 뚫기와 같이 불필요하게 몸에 상처를 내거나 소독되지 않은 주사침으로 주사를 맞는 등의 일은 피하는 것이 좋다. B형 간염에 비해 C형 간염의 경우 만성으로 악화되는 경우가 많은데, C형 간염은 백신이 개발되지 않아서 예방이 어렵다.

간염의 초기 증상으로는 전신피로감, 식욕부진, 구역질, 구토 등이 나타난다. 가끔 오른쪽 윗배가 아프고 미열이 있으며, 드물게는 관절통이나 피부 발진 증상이 나타난다. 황달기에 접어들면 눈이나 피부에 황달이 나타나고 온몸에 가려움증을 보이기도 한다.

### 설사

설사는 대변의 수분함량이 많아지는 증상으로, 다양한 원인에 의해 나타난다. 예를 들어 콜레라에 걸리면 콜레라균이 만드는 독소가 몸 속에서 소장으로 수분을 마구 빼낸다. 이로 인해 대변에 수분함량이 많아져 쌀뜨물 같은 설사를 하게 된다.

특정한 음식만 먹으면 설사를 하는 경우도 있다. 우유를 먹으면 설사를 하는 사람들이 있는데, 이런 사람들은 우유를 분해하는 소화효소가 없어 장내의 삼투압이 높아지게 돼 설사를 하는 것이다. 장내의 삼투압이 높아지면 수분이 혈관에서 장 속으로 이동하므로 대변에 포함되는 수분의 양이 많아진다.

과민성대장증후군으로 고생하는 사람들은 늘 설사의 고통을 달고 다닌다. 이런 경우의 설

소화, 위대한 드라마

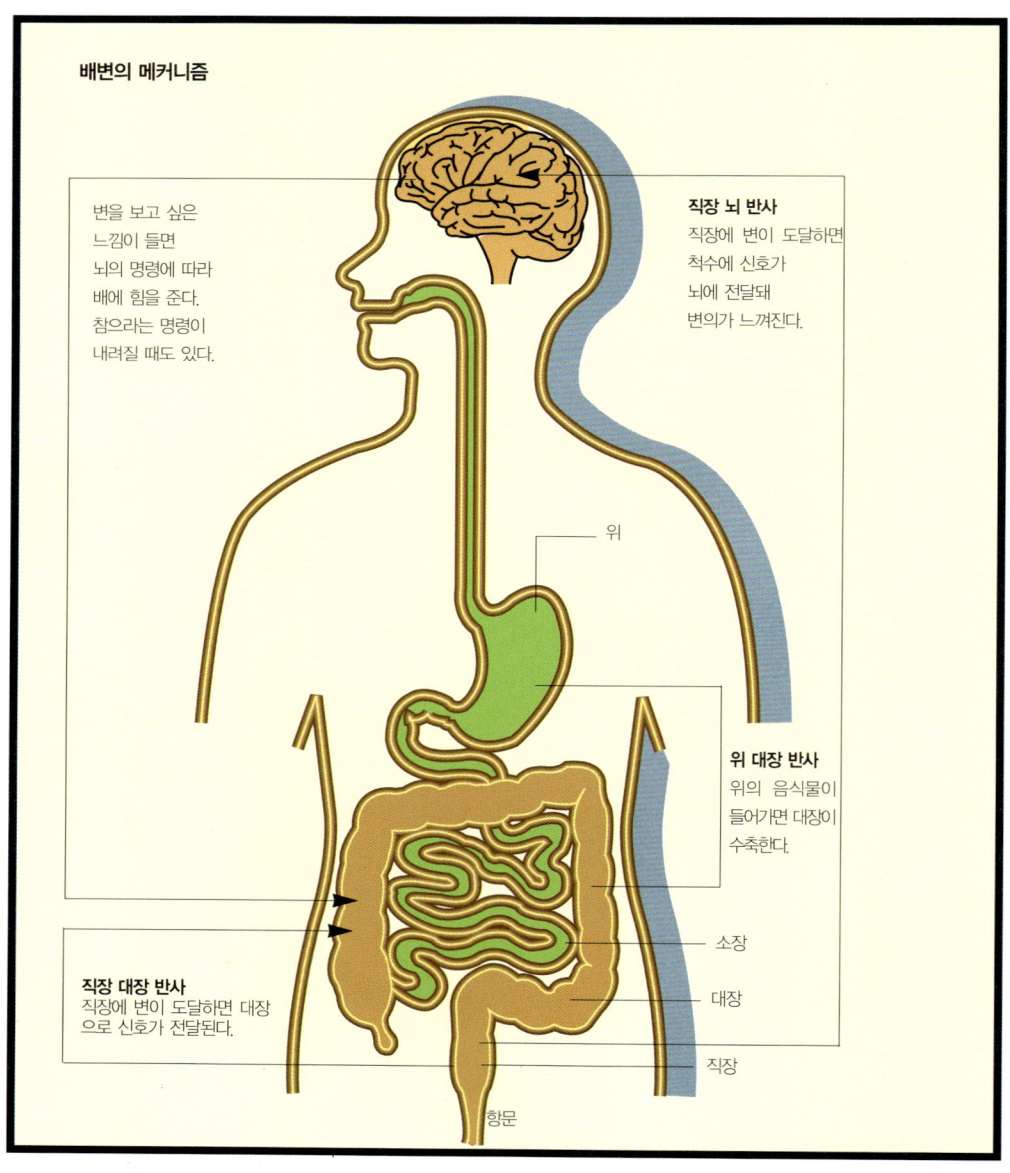

제4부 소화와 질병 | **건강한 몸**

○ 일정한 시각에 일정량의 식사를 해야 대장이 '노련해진다'

사는 장의 운동이 정상보다 감소하거나 증가하여 생기는 것이다. 장의 연동운동이 감소하면 소장에서 몸에 해로운 세균이 과도하게 성장해 소화와 흡수를 방해하기 때문에 설사가 일어난다. 반대로 장의 연동운동이 비정상적으로 증가하면 음식물이 장내에 오랫동안 머물지 못하고 빠르게 지나가므로, 소화와 흡수가 충분히 일어나지 못해 대변의 양과 수분함유량이 증가돼 설사가 일어난다.

### 변비

현대인의 말 못할 고민 중 하나가 변비다. 변비란 대변 보는 횟수가 줄거나, 양이 적어지거나, 굳기가 단단해지는 변화를 모두 포함하는 말이다. 변비는 왜 생기는 것일까?

대변의 재료는 음식물이다. 입으로 들어가는 재료가 많아야 최종 생산물도 많아져서 수월하게 나온다. 그래서 밥을 굶는 사람은 변비에 걸리기 쉽다. 다이어트를 하는 사람들에게 변비가

○ 마음을 편하게 먹고 규칙적으로 운동하는 것이 변비를 막는 지름길이다.

생기는 것을 자주 볼 수 있는데 이것은 당연한 결과다. 그렇다고 변비의 고통에서 벗어나기 위해 무조건 많이 먹을 수도 없는 일이다.

변비를 효과적으로 해결하는 방법은 야채와 과일을 많이 먹는 것이다. 현미, 옥수수, 배추, 김치, 귤 등 야채와 과일에는 섬유소가 많다. 고기 같은 단백질 식품은 소장에서 완전히 흡수돼 찌꺼기가 별로 남지 않는 데 비해, 섬유소가 많이 포함된 식품들은 대변의 원료인 찌꺼기를 많이 남겨 대장으로 보낸다. 섬유소는 마치 스펀지처럼 수분을 머금는 역할을 하기 때문에, 대변 속 수분을 증가시켜서 변비를 예방한다. 흔히 변비약으로 먹는 '아락실'은 바로 섬유소 덩어리다. 한마디로 대변의 재료를 먹는 셈이라고 할 수 있다.

변비를 일으키는 또 하나의 중요한 원인은 운동부족이다. 우리가 부지런히 움직여야 장도 활발히 움직여서 배설물을 쉽게 내보낸다. 규칙적인 운동은 장운동을 활성화시키고, 복근을 강화시키며, 스트레스를 줄여주므로 많이 움직이는 것이 변비를 막는 지름길이다.

한편, 만성변비환자의 20% 정도는 치질환자가 된다. 치질은 항문 안쪽의 혈관이 늘어나 그것을 덮고 있는 점막이 함께 늘어나면서 밖으로 빠져나온 상태를 말한다. 변비환자의 경우 변을 보기 위해 정상인보다 항문 주위에 훨씬 많은 힘을 주고 화장실에 앉아있는 시간도 길다.

또 딱딱한 변이 항문을 통과하면서 항문 혈관에 상처를 주기 때문에 치질환자가 될 확률이 정상인에 비해 훨씬 높은 것이다. 치질은 우리나라 전 인구의 25%, 성인 여성의 40~50%가 앓고 있을 정도로 흔한 질병이다.

### 대장암

식생활의 서구화와 불규칙한 식사습관으로 인해 대장암의 발생률은 해마다 증가하고 있다. 통계청이 발표한 '1999년 사망원인 통계결과'에 따르면 10년 전에 비해 위암, 간암, 자궁암으로 인한 사망률은 떨어졌지만 오히려 대장암에 의한 사망률은 가파르게 상승한 것으로 나타났다.

대장암은 섬유질 섭취 감소와 동물성 지방의 섭취 증가가 주된 원인인데, 유전적인 요인도 중요한 원인이 된다. 대장암은 모든 연령층에서 발생할 수 있으나, 연령이 증가함에 따라 발생빈도가 높아지며 50~60대에서 자주 발병한다. 대장암은 초기에 발견하면 95%가 완치되므로 40대 이상은 1년에 한번 정도 대장내시경검사를 받는 게 좋다. 대장암의 주된 증상은 변의 굵기가 가늘어지고 피가 섞여서 나오는 것이다.

순환계 질병

# 순환기관에 문제가 생기면?

**백혈병**

영화나 드라마에서 여주인공이 백혈병을 앓는 슬픈 사연이 소재가 되는 경우가 종종 있다. 펑펑 내리는 눈 속에서 두 연인이 눈싸움을 하는 장면과 배경음악으로 유명한 영화 '러브스토리'를 비롯하여 '라스트 콘서트', TV에서 인기리에 방영됐던 드라마 '가을동화' 등에서 여주인공이 백혈병에 걸려 숨졌다.

영화나 드라마에서 유독 백혈병환자가 많은 것은 왜일까? 다른 난치병에 비해 그 이미지가 깨끗하기 때문일까? 백혈병에 걸리면 빈혈이 생기고 얼굴이 창백해져 청순해 보이기 때문이라고 말하는 사람도 있는데, 정말 그럴까?

　백혈병은 일종의 악성 혈액암으로 피를 만드는 '조혈모세포'가 미성숙한 채로 늘어나서 정상적인 혈액을 만들 수 없는 난치병이다. 이 병에 걸리면 비정상적인 백혈구의 수치가 높게 나타나기 때문에 백혈병이라는 이름이 붙여진 것이다. 백혈병은 유전되는 경우는 많지 않고 주로 후천적인 원인으로 생긴다.

　정상인의 혈액에는 몸 속의 각 조직에 산소를 운반·공급하는 적혈구, 병균이 침입했을 때 맞서 싸우는 백혈구, 피가 났을 때 멈추게 하는 혈소판이 있다. 이들 세포들은 골수에서 생성돼 혈액으로 이동한다. 골수 내에는 혈구세포의 모체가 되는 조혈모세포가 있는데, 이 조혈모세포가 혈액에서 필요로 하는 적혈구, 백혈구, 혈소판뿐만 아니라 자기와 동일한 조혈모세포도 지속적으로 만들어낸다.

🔴 드라마 '가을동화'에서 백혈병에 걸린 여자주인공 은서.

　백혈병에 걸리면 백혈병 암세포가 골수에 가득 차게 돼, 조혈모세포가 정상적인 혈구를 제대로 생성하지 못하게 된다. 그래서 적혈구와 혈소판의 숫자가 감소하고 비정상적인 백혈구가 많이 만들어져서 백혈구가 제 기능을 하지 못하게 되는 것이다. 백혈병은 우리나라에서 대략 인구 10만명당 10명 정도 발병하는 것으로 추정되며, 연간 3천~4천 명 정도가 백혈병 진단을 받고 있다.

　백혈병은 시기에 따라 급성과 만성으로, 주로 손상되는 백혈구의 종류에 따라 림프구성과 골수성으로 구분된다. 급성은 발병 뒤 곧바로 증세가 나타난다. 치료하지 않으면 악화돼 2~3개월 안에 숨지므로 즉시 무균실에서 여러 가지 항암제를 투여받아야 한다. 진단 후 3개월 이내에 사망하는 급성백혈병에 걸리면

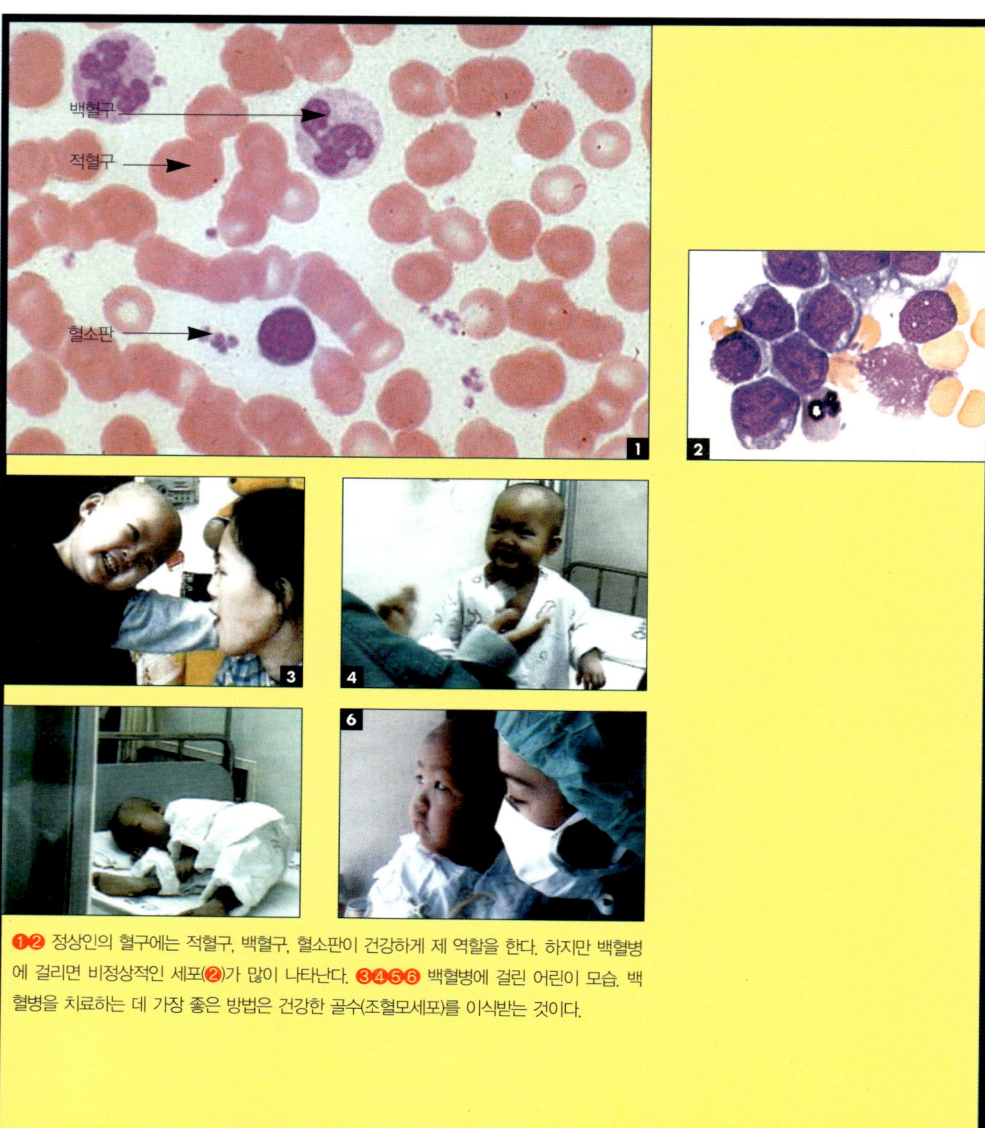

❶❷ 정상인의 혈구에는 적혈구, 백혈구, 혈소판이 건강하게 제 역할을 한다. 하지만 백혈병에 걸리면 비정상적인 세포(❷)가 많이 나타난다. ❸❹❺❻ 백혈병에 걸린 어린이 모습. 백혈병을 치료하는 데 가장 좋은 방법은 건강한 골수(조혈모세포)를 이식받는 것이다.

적혈구 감소로 인해 빈혈증상(어지러움, 호흡곤란, 두통, 피로감 등)이 나타나고, 백혈구 감소로 인해 세균에 쉽게 감염되며 발열증상이 나타난다. 그리고 혈소판 감소로 인해 피멍이 잘 들며 잇몸, 코 등에 자주 피가 나고 잘 멈추지 않는다. 만성백혈병의 경우 증상이 경미해 빈혈증세 정도만 나타나지만, 3~4년이 지나면 대부분 급성백혈병으로 전환된다.

**가장 좋은 방법은 조혈모세포이식**

난치병인 백혈병 치료에는 건강한 조혈모세포를 주입하는 '골수이식'이 가장 좋은 방법이다. 왜냐하면 다양한 항암제를 이용해 백혈병세포를 없앤다고 해도 체내에는 여전히 현미경으로 식별 불가능한 백혈병 세포가 남아있어, 전체 환자의 70~80%는 다시 백혈병에 걸리기 때문이다.

사실 골수이식은 정확한 표현이 아니다. 과거에는 정상적인 조혈모세포를 채취할 수 있는 공급원으로 골수만을 생각했기 때문에 골수이식이라는 용어가 사용됐으나, 최근에는 말초혈액, 제대혈(탯줄), 태아의 간 등에서도 일정한 수의 조혈모세포 채취가 가능해지면서 '조혈모세포이식'이라는 말이 정확한 표현이 됐다.

조혈모세포이식이 제대로 이뤄지면 2~3주 이내에 빠른 회복이 가능하다. 백혈병환자가 조혈모세포이식을 받은 후 기대할 수 있는 완치율은 환자의 상태에 따라 다르지만, 대개 혈연간 이식이 시행된 경우에는 60~80%의 완치 가능성이 있으며 이식과 관련된 합병증으로 사망할 가능성은 약 10% 정도다. 비혈연간 타인이식의 경우에는 혈연간 이식에 비해 치료와 관련된 합병증

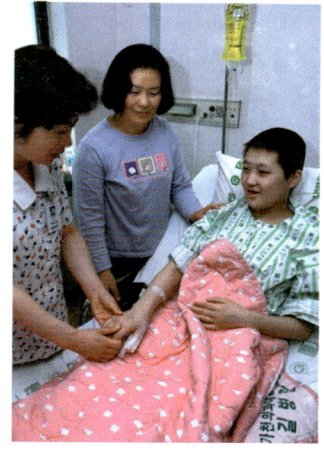

○ 백혈병 치료는 환자의 투병의지와 가족의 보살핌, 담당의료팀의 많은 노력이 요구된다.

# 소화, 위대한 드라마

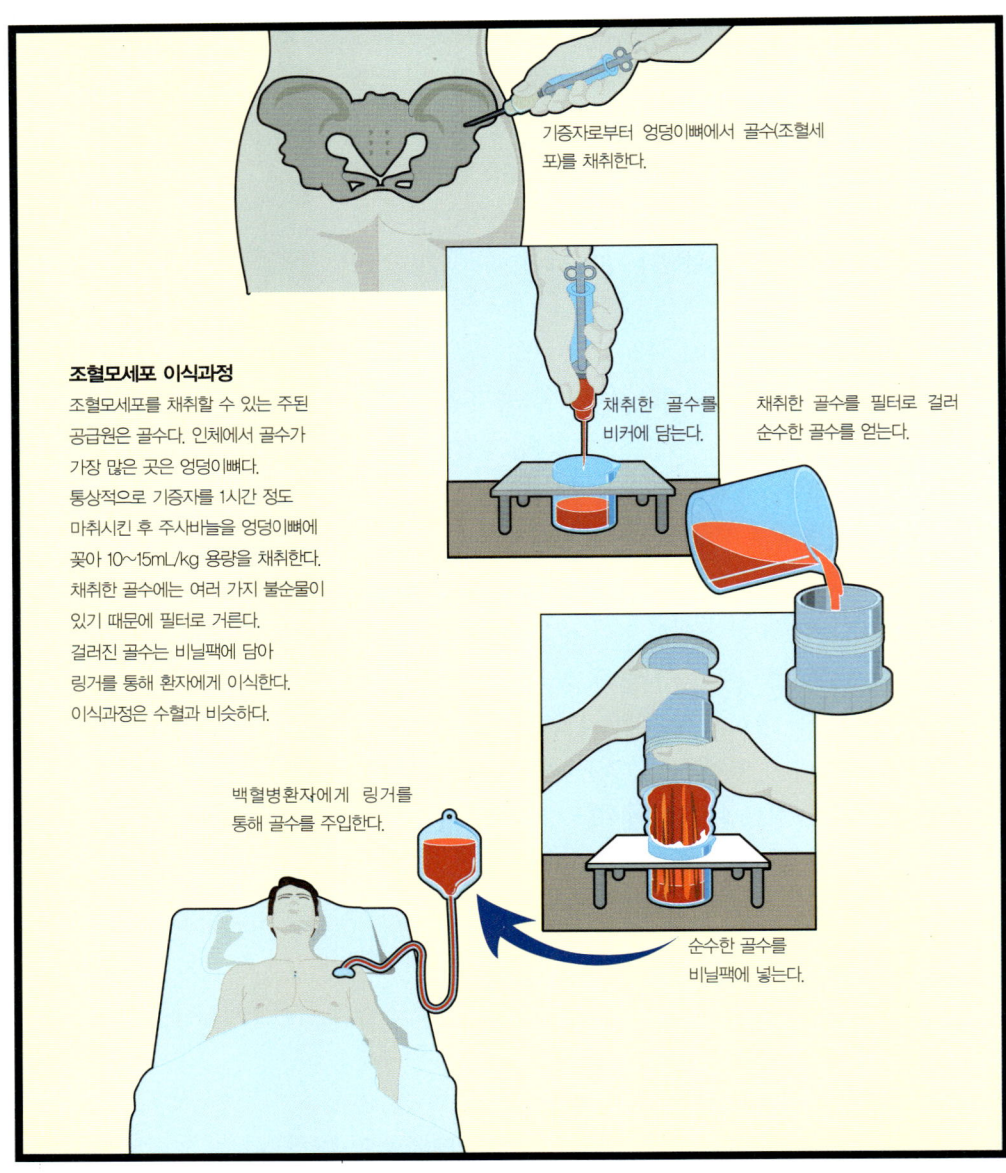

기증자로부터 엉덩이뼈에서 골수(조혈세포)를 채취한다.

채취한 골수를 비커에 담는다.

채취한 골수를 필터로 걸러 순수한 골수를 얻는다.

**조혈모세포 이식과정**

조혈모세포를 채취할 수 있는 주된 공급원은 골수다. 인체에서 골수가 가장 많은 곳은 엉덩이뼈다. 통상적으로 기증자를 1시간 정도 마취시킨 후 주사바늘을 엉덩이뼈에 꽂아 10~15mL/kg 용량을 채취한다. 채취한 골수에는 여러 가지 불순물이 있기 때문에 필터로 거른다. 걸러진 골수는 비닐팩에 담아 링거를 통해 환자에게 이식한다. 이식과정은 수혈과 비슷하다.

백혈병환자에게 링거를 통해 골수를 주입한다.

순수한 골수를 비닐팩에 넣는다.

이 나타날 확률이 크기 때문에, 완치 가능성은 40~60%로 다소 낮아진다.

**유전자형이 일치해야**

성공적으로 조혈모세포를 이식하기 위해서는 건강한 조혈모세포를 구하는 일이 가장 중요하다. 우선은 환자의 조혈모세포와 유전자형이 일치하는 조혈모세포를 찾아야 한다. 인체의 세포들은 세포 속에 들어있는 유전자들이 비슷할 경우에는 서로 조화를 이루지만, 유전자가 다르면 조직의 거부반응이 심해지기 때문이다.

○ 백혈병 환자에게는 일반인들의 조혈모세포 기증이 희망이 된다.

이론적으로 형제 중에서 환자 본인과 조혈모세포 유전자형이 일치하는 사람이 있을 확률은 20~25%에 불과하다. 더욱이 부모와 자식 간에 유전자형이 일치할 확률은 매우 드물다. 최근에는 형제들의 수가 줄어들었기 때문에 형제 중에서 유전자형이 일치하는 조혈모세포를 찾기가 더 힘들어졌다. 따라서 앞으로는 유전자형이 일치하는 비혈연간 타인이식이 증가할 것이다.

국내에서는 이를 위해 1994년 1월 카톨릭 조혈모세포 정보은행이 설립됐고 같은 해 3월에는 한국골수은행협회가 설립됐다. 이후 비혈연간 골수이식을 위한 기증자가 꾸준히 늘어나고 있지만 유전자형이 일치하는 기증자를 발견할 확률은 약 50~60% 정도에 지나지 않는다.

백혈병 치료를 위해서는 환자의 투병의지와 가족의 보살핌, 그리고 담당의료팀의 많은 노력이 요구된다. 나아가 일반인들의 조혈모세포 기증에 대한 관심을 필요로 한다. 아직은 많은 환자들이 기증자 부족으로 시기를 놓쳐 숨지는 것이 현실이다.

(그림: 심장 해부도)
- 상대정맥 (피가 몸에서 심장으로 들어감)
- 대동맥
- 우 관상동맥
- 우심실
- 하대정맥 (피가 몸에서 심장으로 들어감)
- 폐동맥(피를 폐로 보냄)
- 좌심방
- 좌 관상동맥
- 좌심실

　기증자로부터 조혈모세포를 얻기 위해 가장 많이 사용되는 방법은 골수채취다. 골수이식이라 하면 뇌 또는 척추조직을 이식하는 것으로 잘못 인식하는 경우가 있는데, 인체에서 골수가 가장 많이 존재하는 곳은 엉덩이뼈다. 이 부위에는 주변에 중요한 혈관과 신경이 없기 때문에 조혈모세포를 안전하게 채취할 수 있다.

　골수기증은 통상적으로 1시간 정도 전신 또는 척수마취를 한 후 주사바늘을 이용해 10~15mL/kg 용량을 채취하는데, 마취에서 깨어나면 약간 뻐근한 느낌이 들고 1주 정도 엉덩이뼈에 얼얼한 느낌이 있을 뿐이다. 기증자는 1~2일 경과하면 퇴원해서 일상적인 업무가 가능하며, 특별한 후유증은 없다. 조혈모세포는 수주 이내에 다시 재생된다.

### 심장과 혈관의 질병

　심장, 판막, 혈관과 같은 순환기계통에서 발생하는 질병은 대부분 혈액이 혈관 속으로 정상적으로 흐르지 못하기 때문에 생기는 것으로, 세계적으로 성인 사망원인의 1위를 차지하고 있다. 이 중에서도 혈관과 관련된 질병이 가장 많은데 동맥경화, 협심증, 심근경색, 뇌졸중 등이 여기에 속한다.

심장은 다른 기관이나 조직보다 훨씬 많은 산소와 영양분을 소비한다. 심장은 2개의 관상동맥을 통해 혈액을 공급받고 여기에서 영양분을 흡수한다. 음료수 빨대만한 관상동맥이 고장나면 심장은 제 기능을 다하지 못하고, 사람이 목숨을 잃게 된다.

'협심증'은 관상동맥 내부에 혈액이 엉겨붙어 혈관이 좁아지는 질병이다. 협심증에 걸리면 심장근육에 혈액이 충분하게 공급되지 못하므로, 격렬한 운동을 하거나 정신적으로 흥분할 경우 가슴에 심한 통증을 느끼게 된다.

지방성 침전물이 관상동맥에 쌓이거나 피가 엉겨 덩어리가 생기면 혈관이 막히게 되는데, 그러면 영양공급이 부족해져서 심장근육의 일부가 죽게 된다. 이러한 질병을 '심근경색증'이라고

### 아시나요? 나! 조혈모세포

조혈모세포(造血母細胞)는 한자 뜻 그대로 피를 만드는 세포다. 골수뿐만 아니라, 탯줄, 태반, 실핏줄도 피를 만들 수 있다는 것이 알려지면서 조혈모세포라는 이름이 생겼다.

임신 2주가 되면 난황낭이라는 곳에서 조혈모세포가 만들어지기 시작하고 임신 5개월째부터는 간에서 만들어진다. 그러다가 임신 8개월 때 뼈로 이동한다. 이들 조혈모세포 중 1~5%는 평상시에 피의 성분을 만드는 데 동원된다.

조혈모세포는 귀소본능이 있어서 사람의 혈관에 주사로 넣으면 피를 만들기 좋은 환경을 찾아가 자리를 잡는다. 조혈모세포를 이식하면 아기의 피와 비슷한 상태가 되므로, 이식수술을 받은 환자는 아기가 태어난 뒤와 거의 똑같이 각종 예방주사를 맞아야 한다.

과학자들은 조혈모세포를 가리켜 '인체 내에서 회춘하는 유일한 세포'라고 말한다. 다른 세포들은 세포분열을 통해 딸세포 둘을 낳고 자신은 사라지는데, 그 과정에서 세포들이 노화된다. 그런데 조혈모세포는 자신과 똑같은 '복제세포'를 하나, 딸세포를 하나를 만든다. 그 복제세포는 또 복제세포를 하나, 딸세포를 하나 만들고…. 그래서 조혈모세포는 늙지도 죽지도 않게 된다. 왜 그런지에 대해서는 아직 밝혀지지 않았다.

한다. 심근경색증의 정도는 막힌 동맥의 크기와 부위에 따라 좌우된다. 심근경색은 갑작스런 심장마비사의 가장 큰 원인이다.

콜레스테롤과 같은 지방성 물질은 혈관벽에 쉽게 달라붙는다. 이러한 물질이 동맥벽 안쪽에 축적되면 혈관이 좁아지게 돼 혈액의 흐름을 방해할 뿐만 아니라, 그 부위에 혈액이 응고되기도 한다. 그러면 동맥벽은 탄성이 없어지고 굳어지게 되는데, 이러한 상태를 '동맥경화'라고 한다. 동맥경화가 심하면 혈관이 받는 압력이 커지게 돼 고혈압이 생긴다. 또한 동맥경화는 심장의 근육에 영향을 주기 때문에 심장마비의 원인이 되기도 한다.

심장병은 유전가능성이 높기 때문에 이 병을 앓았던 집안의 사람들은 각별한 주의가 필요하다. 고혈압, 흡연, 콜레스테롤 과다, 운동부족, 당뇨병, 비만, 스트레스 등이 심장병을 일으키는 위험요소다. 비만이 심장병의 원인이 되는 것은, 지방 1백g당 약 70km의 모세혈관이 필요하므로 쓸데없는 지방이 몸에 붙으면 그 속으로 혈액을 펌프질해야 하는 심장이 그만큼 더 큰 부담을 지게 되기 때문이다.

담배의 주성분인 니코틴은 손발의 동맥들을 수축시켜 심장의 압력을 증가시킨다. 담배를 한 대 피우면 심장의 박동수가 평상시의 분당 72회에서 80회로 늘어나 심장에 부담을 준다. 또한 스트레스가 쌓이면 맥박이 빨라지고 혈압이 올라가며 이 상태가 5~6년 계속되면 혈관이 급격히 수축된다. 따라서 1주에 3회 이상 땀을 흘릴 정도로 운동을 하고, 담배 대신 취미생활 등으로 그날 그날의 스트레스를 푸는 것이 좋다.

# 식품에서 철분 찾아내기

철분이 부족하면 적혈구의 중요 성분인 헤모글로빈이 만들어지지 못해 빈혈이 생긴다. 헤모글로빈은 중심에 철이온이 들어있는 거대 단백질 분자다. 우리 주변에는 철분이 많이 함유된 것으로 알려진 약품과 음식들이 있다. 임산부들은 철분을 보충하기 위해 철분제를 복용한다. 그리고 어린이나 청소년을 위한 음료에도 철분이 포함돼있다고 선전한다. 실제로 이들 속에는 철분이 얼마나 들어있는지 알아보자.

**준비물** : 각종 영양제 1정(빈혈제, 성장기 영양제, 로얄제리정, 피로회복제), 철분이 함유됐다고 하는 각종 음료수, 유리병 여러 개, 홍차 티백 여러 개, 숟가락, 유리그릇(내열성 있는 것).

## 이렇게 해보자!

1. 유리그릇에 뜨거운 물을 붓고 홍차 티백을 넣어 매우 진한 홍차 용액을 만든다. 물 500mL당 티백 3~4개 정도를 우려낸다.
2. 홍차 성분이 충분히 우러나도록 한 시간 정도 그대로 놓아둔다.
3. 각종 영양제를 1개씩 물이 든 유리병에 넣고 녹여서 용액을 만든다.
4. 영양제 용액이 들어있는 유리병에 홍차 용액을 같은 양씩 넣고 젓는다.
5. 각 유리병을 조심스럽게 들어서 바닥을 살펴본다.
6. 2시간 정도 놓아둔 뒤 병 바닥에 가라앉은 검은 알갱이들의 양을 영양제 별로 비교해보자.
7. 철분이 함유돼있다고 선전하는 각종 음료(과일음료, 청량음료, 철분강화음료, 두유 등)에 대해서도 같은 방법으로 실험을 하여 비교해보자.

## X파일

1. 철분이 많이 들어있는 철분제도 약간의 시간이 지나야 변화가 관찰된다. 철분의 양이 적은 음료수(철분 강화음료)의 경우에는 2시간 정도 지나야 침전이 생긴다.
2. 탄산음료나 과일음료, 철분강화 음료 등에서는 철분이 거의 검출되지 않는다. 들어있더라도 매우 적은 양이 들어있기 때문일 것이다.
3. 부유물이 많아 용액이 투명하지 않을 경우, 거즈나 종이 커피 필터 등을 이용해 찌꺼기를 걸러내고 실험한다.
4. 영양제 중에는 빈혈치료제에 철분이 가장 많이 들어있다. 성장기 어린이들의 영양제나 로얄젤리, 피로회복제 등에서는 침전이 거의 생기지 않는다.

## 탐구마당
### 사이언스 어드벤처

준비물

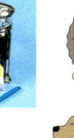

뜨거운 물에 홍차 티백을 넣어 진한 홍차 용액을 만든다.

임산부용 철분(왼쪽)과 영양제(오른쪽)를 물에 녹인다.

물에 녹인 임산부용 철분제와 영양제에 진한 용액을 부으면 색깔이 변한다.

5. 홍차티백을 사용하지 않고 가루로 된 레몬홍차를 사용하면 탄닌산의 양이 적어서인지 변화가 관찰되지 않는다.

## 왜 그럴까?

홍차를 넣었을 때 생기는 검은 알갱이들은 화학변화로 만들어진 것이다. 음료 안에 녹아있는 철분은 이온 형태다. 철이온은 홍차 속에 들어있는 탄닌산과 반응해 물에 녹지 않는 검은 침전을 만들어 가라앉는다. 탄닌산은 떫은맛을 내는 물질로 덜 익은 감 속에도 들어있다. 검은 침전이 만들어지는 속도와 양은 음료에 포함되어 있는 철분의 양에 따라 다른데, 철분이 많을수록 빠르게 많이 생긴다.

### 서바이벌 퀴즈

- 괴혈병을 치료할 수 있게 되었던 방법은 무엇이었을까?
- 이자에서 분비되는 호르몬인 인슐린은 어떤 기능을 할까?
- 근대적 혈액 순환 이론을 개척한 사람은 누구일까?

Survival Quiz

## 3 소화의 비밀

**1 비타민**
존재가 밝혀지기까지

**2 소화작용**
소화를 연구한 사람들

**3 혈액의 순환**
하비에서 인공심장까지

**4 혈액형의 발견**
안전한 수혈을 하려면

비타민의 존재가 알려지기 전에는 원인도 모른 채 많은 사람들이 죽어갔다.
또 수혈이 안전하게 이뤄지는 데도 많은 희생이 따랐다.
이때부터 소화의 비밀이 하나씩 밝혀지게 되었다.

## 비타민 — 존재가 밝혀지기까지

◐ 신선한 과일에는 여러 가지 비타민이 듬뿍 들어있다.

**비타민의 발견은** 플라스틱의 발명과 함께 20세기 초의 중요한 발명·발견들 중 대표적인 것으로 손꼽힌다.

비타민이 발견되기 전까지는 동물이 성장하는 데 필요한 것은 탄수화물, 지방, 단백질, 무기질, 물 등 5가지라고 생각했다. 그런데 생화학을 창시한 영국의 의학자 프레드릭 홉킨스(1861~1947)는 이밖에도 부가적인 식품요소가 더 필요하다고 주장했다.

### 선원들의 목숨을 구한 신비의 약

오랫동안 배를 타고 바다를 항해하는 선원이나 탐험가 또는 군인들이 주로 잘 걸렸던 질병이 있었다. 몸에 기운이 없고 잇몸이나 피부에서 피가 나며 입에서 악취가 나는 병이었다.

아프리카 대륙의 남쪽 끝 희망봉을 돌아 항해한 탐험대의 선원 중 60% 이상이 원인도 모르는 이 무서운 병으로 쓰러졌고, 1593년경에는 한 해동안 영국 해군 중 1만 명 이상이 같은 병에 걸려, 원인이나 치료법도 모르는 채 죽어갔다. 이 무서운 병이 바로 괴혈병이다.

1734년 여름에 그린랜드를 항해 중이던 영국 배에서 한 선원이 괴혈병에 걸려 신음하고 있었다. 선장은 그가 죽은 뒤 바다에 장사지내느니 차라리 외딴 섬에 내리게 하였다. 괴혈병에 걸려 거의 죽어가던 선원은 배고픔에 시달리게 돼 주위에서 자라고 있는 풀을 뜯어먹었다. 그런데 이 선원은 죽기는커녕 괴혈병에서 완전히 벗어났다.

이 이야기가 선원들 사이에 퍼졌지만 다들 허무맹랑한 이야기로 여기고 믿지 않았다. 그러나 이 말을 유심히 들었던 영국 해군의 의사 제임스 린드(1716~1794)는 선원들이 먹는 식사에 문제가 있는 것으로 생각하고 조사를 벌였다. 그 결과 과일이나 야채에 괴혈병의 특효약성분이 있음을 알게 됐다.

그는 괴혈병에 걸린 12명의 선원들 중 10명에게는 평상시와 같은 음식을 주고, 나머지 두 사람에게는 매일 레몬즙을 마시게 했다. 며칠이 지나자 레몬즙을 마신 두 사람은 씻은 듯이 나았으나, 나머지 10명은 계속 괴혈병을 앓았다. 린드 박사는 이 사실을 즉시 영국 해군 총사령관인 앤슨 제독에게 알렸으나 무시당했다. 그후 20년이 지난 다음에야 영국 해군은 린드 박사의 이야

## 소화, 위대한 드라마

❶ 부족하면 괴혈병에 걸리는 비타민C.
❷❸ 비타민 연구의 선구자 홉킨스(❷)와 에이크만(❸).

기를 받아들여 군함에 승선하는 모든 군인들에게 레몬을 공급해주고 괴혈병을 예방하게 했다.

이리하여 괴혈병을 치료하거나 예방하는 데 과일이나 야채가 효과적이라는 것이 알려졌다. 하지만 이런 음식 속에 든 신비의 화학물질이 바로 비타민C라는 사실을 알게된 것은 1930년대에 들어서였다.

◎ 백미와 현미. 쌀을 도정하여 백미로 만드는 과정에서 쌀눈이 떨어져 나가는데, 이 쌀눈 안에 비타민B$_1$이 많이 들어있다.

### 백미에는 없고, 현미에는 있다

1883년 네덜란드의 크리스티안 에이크만(1858~1930)은 쌀을 주식으로 하는 동남아시아 지역을 여행하면서, 그 지역 사람들이 각기병을 많이 앓는다는 것을 알게 됐다.

각기병에 걸리면 기력이 없어 일어나지도 못하고 다리가 붓고 손발의 감각에 이상이 생긴다. 그러다 갑자기 발병해 구토를 일으키다가 심하면 1~3일 만에 죽음에 이르게 된다. 에이크만은 그 병의 원인을 조사하는 과정에서 현미를 먹는 사람보다 백미를 먹는 사람들이 주로 각기병에 걸린다는 사실을 알게 됐다.

한편, 닭도 비슷한 증상으로 죽는 경우가 많았다. 그러던 어느 날, 원래 껍질을 벗긴 흰쌀을 먹이로 주던 닭들을 다른 사람이 키우게 되면서 껍질을 벗기지 않은 벼가 포함된 사료를 줬더니, 닭이 병에서 회복되는 것을 발견했다.

에이크만은 닭 각기병의 원인은 먹이에 있다고 판단하고 실험을 통해 이를 확인했다. 껍질을 벗긴 쌀을 닭에게 먹이자 병에 걸렸고, 이 닭에게 쌀겨가 있는 사료를 먹이자 병이 회복됐던 것이다. 후에 각기병은 비타민B$_1$이 모자라 나타나는 병으로 밝혀졌다. 쌀눈이 떨어져나간 백미에는 비타민B$_1$이 없었던 것이다.

❶ 레티놀이라고도 불리는 비타민A. ❷ 부족하면 구루병을 일으키는 비타민D. ❸ 비타민 E(토코페롤)와 비타민K(필리퀴논). ❹ 비타민B의 한 종류인 수용성 비타민.

### 비타민 발견으로 받은 노벨상

홉킨스와 에이크만이 발견한 새로운 물질은 1911년 폴란드 화학자 카시미르 풍크(1884~1967)가 '비타미네(vitamine)'라고 이름지었다. 이 물질에 포함된 작용기의 이름인 '아민(amine)'과 라틴어로 생명을 뜻하는 '비타(vita)'라는 말을 합성한 것이다. 그러나 비타민 중에는 아민이 없는 것으로 밝혀져서, 1920년부터는 'e'를 빼고 비타민이라고 부르기 시작했다.

처음에는 비타민의 이름을 발견 순서에 따라 A, B, C로 나타내다가, 나중에는 고유한 이름을 붙이게 되었다. 비타민A는 레티놀, $B_1$은 티아민, C는 아스코르브산, D는 칼시페롤, E는 토코페롤이다. 현재까지 발견된 비타민은 10여 종에 이른다.

비타민의 발견과 연구를 통해 20세기 이전까지 원인을 모르고 죽어가던 많은 사람들의 생명을 구할 수 있었다. 비타민을 처음 발견한 홉킨스와 에이크만을 비롯한 많은 학자들이 노벨상을 받았다.

**비타민과 노벨상**

| 상 | 연도 | 학자 | 국적 | 업적 |
|---|---|---|---|---|
| 화학상 | 1928 | 빈다우스 (1876~1959) | 독일 | 비타민D의 구조를 밝힘 |
| 생리의학상 | 1929 | 홉킨스 (1861~1947)<br>에이크만 (1858~1930) | 영국<br>네덜란드 | 비타민을 발견함 |
| 화학상 | 1937 | 하워스 (1883~1950)<br>카러 (1889~1971) | 영국<br>스위스 | 비타민C의 구조결정에 관한 연구 |
| 생리의학상 | 1937 | 센트-되르디 | 헝가리 | 비타민C를 발견 |
| 화학상 | 1938 | 리하르트 쿤 (1900~1967) | 오스트리아 | 비타민$B_2$를 합성 |
| 생리의학상 | 1943 | 담 (1895~1976)<br>도이지 (1893~1986) | 덴마크<br>미국 | 비타민K를 발견 |

소화, 위대한 드라마

## 소화를 연구한 사람들

소화작용

*Digestion*

**18세기 이탈리아의** 스팔란치니(1729~1799)는 음식물의 소화 과정을 알아보기 위해 메스꺼운 실험을 감행했다. 먹은 음식물을 토하여 관찰하고, 토한 음식을 먹은 뒤 다시 토하여 변화를 관찰했던 것이다.

그는 또 토한 음식을 그릇에 담아 따뜻한 곳에 몇 시간 동안 두면서 그 변화를 살피기도 했다. 스팔란치니는 이러한 실험을 통해 위에서 일어나는 소화작용을 연구하려 했던 것이다. 이 모든 메스꺼움을 이겨낼 수 있도록 해준 것은 그의 왕성한 탐구심이 아니었을까?

### 구멍난 위가 알려준 소화작용

1822년 6월, 미국 미시간주 맥키낙이라는 마을에서 한 사건이 일어났다. 모피회사 직원인 생 마르탱이라는 18세의 프랑스계 캐나다 청년이 총에 맞은 것이다. 총기 사고 당시 총구는 마르탱으로부터 1m도 채 떨어져 있지 않았다. 그 결과는 끔찍했다.

왼쪽 옆구리를 뚫고 들어 온 총알은 5번째와 6번째의 갈비뼈와 왼쪽 폐의 아랫부분을 파괴한 다음, 위의 앞쪽에 구멍을 냈다. 근처에 있던 맥키낙 요새의 군의관 중 유일한 외과의사였던 버몬트가 즉시 달려와 응급처치를 했지만 그는 마르탱이 곧 죽을 것이라고 생각했다.

그러나 놀랍게도 마르탱의 출혈은 심하지 않았고, 그는 서서히 회복되기 시작했다. 비록 섭취한 음식물이 위에 뚫린 구멍을 통해 밖으로 나오는 일이 종종 있었지만, 4주가 지나자 그 구멍도 부분적으로 닫히기 시작했다. 그리고 사고 18개월 후에는 위의 내벽이 자라서 마치 뚜껑처럼 위에 뚫린 구멍을 덮게 되었다. 이 뚜껑은 음식물이 밖으로 나가는 것을 막아줬는데, 손가락으로 밀면 위 내부를 들여다볼 수 있었다.

버몬트는 마르탱에게 소화작용을 알아내기 위한 연구에 도움을 청했다. 버몬트는 공복 상태로 누워있는 마르탱의 위에서 채취한 위액을 조사한 그 결과 식도를 역류해 올라오는 위액과는 성분이 다르다는 사실을 발견했다. 그리고 소화시켜야 할 음식물이 위 안으로 들어오는 경우에만 산성의 위액이 분비된다는 사실도 밝혀냈다.

이 밖에도 버몬트와 마르탱은 음식물이 소화되는 순서를 확인하기 위해 음식물을 실로 매단 후 위 내부에 넣어두고 시간경과

◐ 당뇨병에 걸리면 갈증이 나서 물을 많이 마시게 된다.

에 따라 꺼내 관찰했다. 또 소화액을 위 밖으로 꺼내 온도를 바꿔가면서 실험하는 등 여러 가지 조건에서 다양한 연구를 진행했다. 이러한 연구 결과, 위에서 일어나는 소화작용에 대해 중요한 사실들을 밝혀낼 수 있었다. 한편 기적적으로 살아났던 생 마르탱은 82세까지 살았다.

### 당뇨병 치료를 위한 험난한 길

당뇨병에 대한 근대의학의 탐구는 영국왕 찰스 1세의 주치의였던 토머스 윌리스에서 비롯됐다. 그는 당뇨병 환자의 소변은 꿀이나 설탕으로 범벅이 된 듯이 매우 달다는 사실을 확인하고 '소변'을 뜻하는 그리스어(diabetes)에 '달콤하다'는 뜻의 라틴어(mellitus)를 붙여 당뇨병(diabetes mellitus)이라는 병명을 만들었다.

윌리스는 당뇨병 환자에게 소변의 양이 많아지는 다뇨현상과 갈증이 나서 물을 많이 마시게 되는 다음증상이 나타난다는 사실을 알아냈다. 또 당뇨병은 조기진단과 치료로 효과를 거둘 수 있는 반면, 일단 병이 진행되면 회복이 어렵다는 것을 밝혀냈다. 심한 경우 몸이 많이 쇠약해져 혼수상태를 일으켜 사망에 이른다는 사실도 알아냈다. 하지만 병의 원인에 관해서는 아무런 단서가 없었다.

초기에는 당뇨병의 원인이 배설기관인 신장(콩팥)의 이상에 있는 것이 아닌가 생각했다. 소변에서 다량의 당분이 검출된다는 말은 신장이 혈액으로부터 소변을 제대로 걸러내지 못하고 당분까지 몸 밖으로 배출시킨다는 의미로 해석될 수 있기 때문이다. 그러나 1775년 무렵 매튜 돕슨은 환자의 소변뿐 아니라 혈액에도 당분이 많다는 사실을 발견했다. 이로써 당뇨병이 신장의 이상에서 비롯되는 것이 아니라는 점이 밝혀졌다.

그렇다면 당뇨병은 어디에서 일어나는 것일까? 1869년 랑게르한스는 이자(췌장)에서 이전까지 발견하지 못한 특수한 세포 집단을 발견하고 자신의 이름을 따서 '랑게르한스섬'이라고 명명했다. 하지만 그는 이 조직이 몸 속 혈당을 조절하는 호르몬인 인슐린을 분비한다는 사실은 몰랐다. 인슐린(insulin)이라는 이름은 '섬'을 뜻하는 라틴어 '인슐라'에서 비롯되었는데, 당분대사에 필요한 물질이 랑게르한스섬에서 만들어진다고 생각했기 때문이었다.

당뇨병과 췌장의 관계가 분명해지기 시작한 것은 1889년 독일의 내과의사 민코브스키와 폰 메링의 실험을 계기로 이뤄졌다. 이들은 개를 통해 췌장의 소화기능을 알아보는 실험을 수행하고 있었다. 그러다가 췌장을 제거한 개의 오줌에는 파리가 모여들고, 정상적인 개의 오줌은 그렇지 않다는 점을 우연히 발견했다. 당뇨병과 췌장이 큰 연관이 있다는 사실이 발견된 것이다.

사람에 대한 탐구결과는 1901년 발표됐다. 미국의 병리학자 린제이 오피는 당뇨병으로 죽은 환자들의 시신을 부검한 결과 췌장의 랑게르한스섬에 병리적인 변화가 있다는 사실을 발견했다. 만일 사람의 췌장 기능이 정상이라면 당뇨병이 생기지 않을 것이다. 따라서 췌장에서 분비되는 어떤 물질(인슐린)을 분리

108 소화, 위대한 드라마

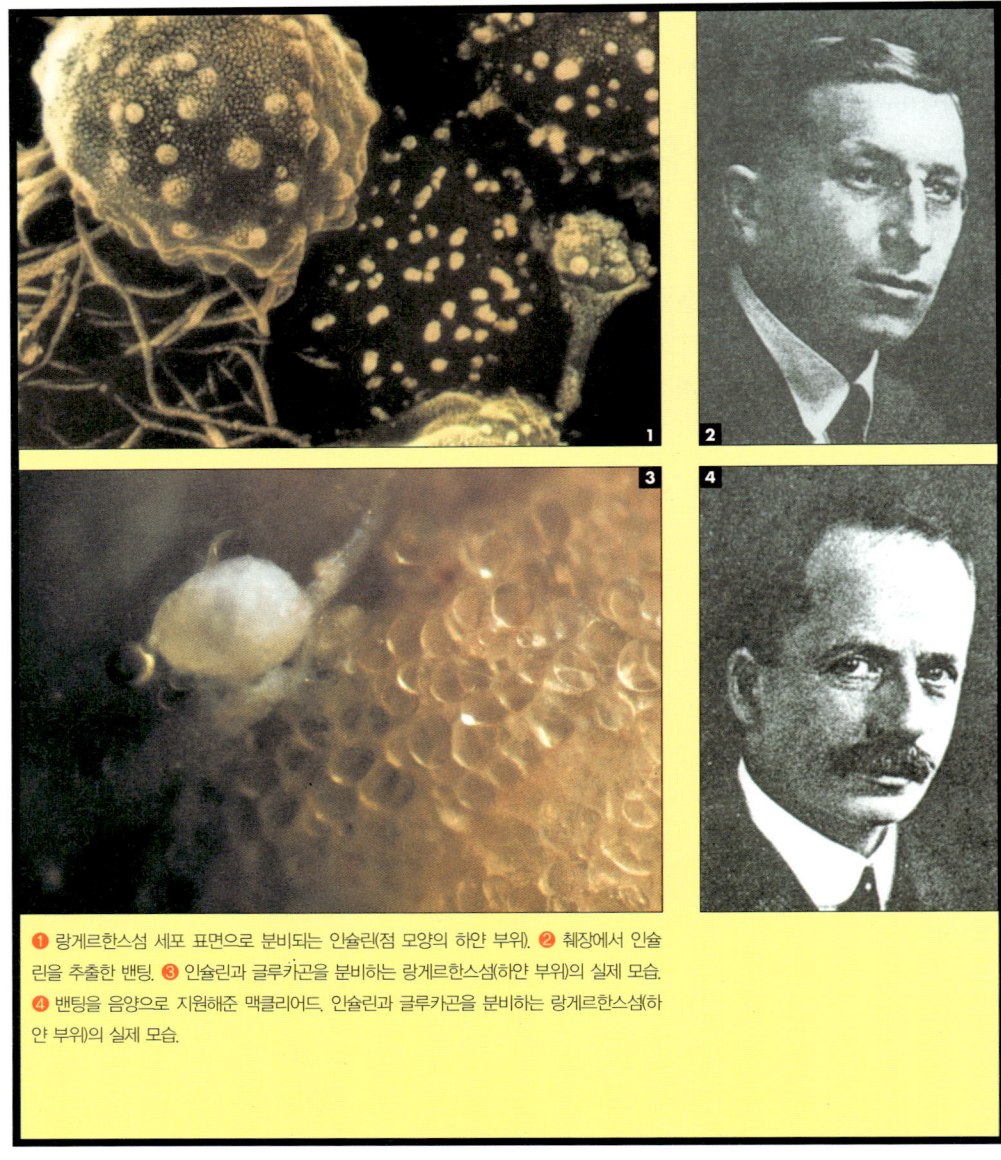

❶ 랑게르한스섬 세포 표면으로 분비되는 인슐린(점 모양의 하얀 부위). ❷ 췌장에서 인슐린을 추출한 밴팅. ❸ 인슐린과 글루카곤을 분비하는 랑게르한스섬(하얀 부위)의 실제 모습. ❹ 밴팅을 음양으로 지원해준 맥클리어드, 인슐린과 글루카곤을 분비하는 랑게르한스섬(하얀 부위)의 실제 모습.

해낼 수 있다면 당뇨병을 치료할 수 있는 길이 열릴 것으로 예상한 과학자들은 인슐린을 추출하는 데 관심을 쏟기 시작했다.

1908년 독일의 추엘처는 췌장 추출물을 당뇨병 환자들에게 실험적으로 투여했다. 이 치료를 통해 환자들의 소변에서 당이 약간 줄어드는 효과가 나타났다. 하지만 부작용으로 치료는 곧 금지됐다. 사실 췌장에는 혈당을 줄이는 물질인 인슐린뿐만 아니라, 반대로 혈당을 늘이는 물질인 '글루카곤'도 존재한다. 따라서 췌장에서 추출한 물질에 이 두가지 성분이 섞여있다면 당뇨병 치료가 제대로 이루어질 리 없었던 것이다.

### 2년 만에 노벨상을 받은 실험

많은 학자들이 인슐린을 순수하게 분리해내는 데 매달리기 시작했다. 마침내 이 작업은 1920년대 캐나다 토론토대 의대 생리학 실험실에서 성공적으로 이뤄졌다. 프레더릭 밴팅(1891~1941)은 췌장에서 인슐린을 분리해내는 방법에 대한 아이디어를 갖고 당시 당뇨병 분야의 권위자였던 맥클리어드(1876~1935) 교수를 방문했다.

그는 대학원생 찰스 베스트(1899~1978)를 밴팅의 실험조교로 임명했고 실험실, 실험장비, 실험동물 등을 제공했다. 밴팅과 베스트는 연구를 시작한 지 2달 남짓 만에 췌장에서 인슐린이라고 생각되는 물질을 추출하는 데 성공했다. 그리고 이 물질을 실험적으로 당뇨병을 일으킨 개에게 주사한 결과 놀랍게도 혈당치가 떨어지면서 원기를 회복했다.

이제 당뇨병 환자에게 인슐린을 투여해 효과를 검증하는 임상

실험만이 남았다. 그러나 이 과정은 그렇게 순조롭지 못했다. 밴팅과 베스트가 췌장에서 추출한 성분을 환자에게 투여하자 오히려 환자의 혈당치가 올라가는 현상을 비롯한 부작용이 나타냈던 것이다.

부작용의 원인이 인슐린 속의 불순물일 것으로 판단한 맥클리어드 교수는 생화학자 제임스 콜립에게 그 추출물을 좀더 정제해줄 것을 요청했다. 맥클리어드의 판단은 적중하여, 몇 주가 지나지 않아서 콜립은 거의 순수한 인슐린을 분리하는 데 성공했다. 콜립이 분리한 이 인슐린이야말로 당뇨병 치료에 큰 효과를 거뒀다.

1922년 1월 11일, 중증의 당뇨병으로 토론토대학 병원에 입원 중이었던 14세 소년 레오너드 톰슨에게 치료 겸 임상실험이 실시됐다. 그 결과 가히 기적이라고 할 만큼 소년의 병세가 호전됐다. 자신감을 믿은 연구팀은 불과 몇 달 동안 수백 명의 환자에게 인슐린을 투여해 생명을 구하는 성과를 얻었다. 이로써 오랫동안 불치병으로 여겨지던 당뇨병은 치료 가능한 질병으로 인식되기 시작했다.

인슐린의 임상효과가 분명히 밝혀진 이듬해인 1923년, 노벨상위원회는 밴팅과 맥클리어드에게 노벨 생리의학상을 수여했다. 노벨상은 타당한 업적을 세운 지 적어도 몇 해, 길게는 몇십 년이 지나 시상하는 것이 보통이다. 인슐린의 경우처럼 2년도 지나지 않아 노벨상을 수상한 예는 좀처럼 찾아보기 어렵다. 그만큼 이들의 업적은 의학적으로나 사회적으로 가치있는 것으로 인정받았던 셈이다.

### 아시나요? 인공췌장 동물 실험 중

최근 동물이나 사망한 사람으로부터 췌장세포를 떼내 배양기에서 기른 인공췌장을 만들고 있다. 이 경우 췌장 자리가 아니더라도 몸의 아무 곳에나 인공췌장을 투여하면 기능 발휘에 별 문제가 없다. 예를 들어, 배양한 췌장세포를 직접 복강 내에 주입하면 췌장세포는 몸 속을 돌며 체내상황에 맞게 인슐린을 분비한다. 이때 몸의 면역세포가 췌장세포를 '적'으로 간주해 파괴시키는 일을 막기 위해 보호막으로 세포를 감싼다. 현재 인공췌장 연구는 동물실험 단계에 있다.

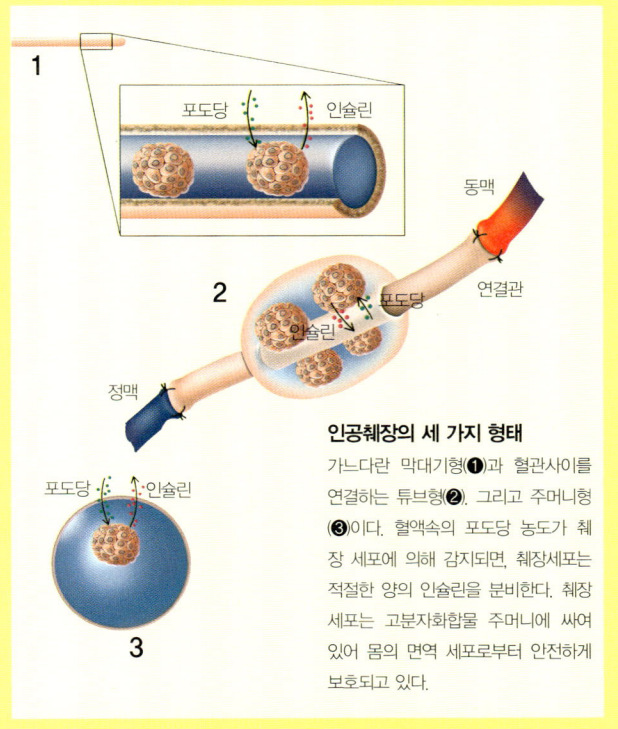

**인공췌장의 세 가지 형태**
가느다란 막대기형(❶)과 혈관사이를 연결하는 튜브형(❷), 그리고 주머니형(❸)이다. 혈액속의 포도당 농도가 췌장 세포에 의해 감지되면, 췌장세포는 적절한 양의 인슐린을 분비한다. 췌장세포는 고분자화합물 주머니에 싸여 있어 몸의 면역 세포로부터 안전하게 보호되고 있다.

## 소화, 위대한 드라마

**혈액의 순환**

# 하비에서 인공심장까지

*Digestion*

**고대 그리스 의학자인** 갈레노스는 중세와 르네상스 시대에 걸쳐 유럽 의학에 절대적인 영향을 미친 사람이다. 그의 저서 '갈레노스 전집'은 히포크라테스의 저서와 함께 의학계에 커다란 공헌을 했다. 그러나 해부학적 지식이 쌓이면서 갈레노스 이론에 대한 의문이 생겨났다.

### 피가 끊임없이 만들어진다?

갈레노스에 의하면 사람이 섭취한 음식물이 간에서 혈액으로 만들어져 심장으로 들어가 바다의 밀물처럼 몸의 각 부위로 퍼져나간다고 했다. 이러한 주장에 의문을 가진 사람이 바로 윌리엄 하비(1578~1657)였다. 케임브리지대 의학교수였던 하비는 심장과 혈액의 관계에 많은 관심을 갖고 있었다. 그는 간에서 혈액이 끊임없이 만들어지고 한편에서는 계속 파괴된다면, 인체에서 한정된 영양소로 그 많은 혈액을 생산해내기는 힘들 것이라고 생각했다. 이 의문을 풀기 위해 그는 사람의 시체와 살아있는 동물을 해부하여 심장, 동맥, 정맥을 관찰했다.

그는 심장의 좌심실이 한번 수축하면 그 속의 혈액이 전부 밀려나가고, 반대로 이완하면 혈액이 흘러 들어와서 가득차는 것을 관찰했다. 사람의 심장이 이완됐을 때 좌심실의 부피는 약 56mL였다. 심장은 1분에 약 70회 박동하므로 1분 동안 심장에서 나가는 혈액의 양은 약 4L 정도다. 그리고 하루 24시간은 1천 4백40분이므로 하루 동안 심장에서 나가는 혈액의 양은 약 5천8백L 정도가 된다. 이 많은 양의 혈액을 간에서 계속 만들어낼 수 없다고 생각한 하비는 갈레노스의 학설을 버리게 되었다.

### 자신의 팔목 묶어 혈액순환 증명

그는 1628년 '동물의 심장과 혈액의 운동에 관해' 라는 책을 출판했는데, 이 책에서 심장이 혈액순환을 위한 펌프 역할을 하며 심장에서 나온 혈액이 동맥을 통해 온몸으로 흘러서 정맥을 통해 다시 심장으로 돌아간다는 '혈액순환론' 을 제기했다. 하비는 이 주장을 입증하기 위해 자신의 팔을 실험에 이용했다. 손목에 있는 혈관을 묶으면 동맥피를 공급받지 못한 피부가 파랗게 변하는 현상을 관찰한 것이다. 이 실험을 통해 혈액은 동맥을 조직으로 간 다음 정맥을 통해 심장으로 되돌아온다는 사실을 확

소화, 위대한 드라마

○ 심실보조장치의 모습. 넓적한 원통이 몸 밖에서 피를 순환시키는 펌프다.

인했다.

하비의 실험은 이론적으로 혈액이 순환할 것이라는 심증을 굳히게 하기는 했으나 결정적인 증거를 잡은 것은 아니었다. 그러나 그의 연구 결과는 반대 이론을 내세우기에 너무나 과학적으로 완벽한 것이어서 다른 의견을 가진 학자들도 그의 이론을 무시할 수 없었고, 점차 진리로 받아들여졌다. 하비는 그 후 '근대 생리학의 창시자'라는 별명을 갖게 됐다.

하비는 동맥과 정맥을 연결하는 부위인 모세혈관은 밝혀내지 못했다. 그러나 이후 1661년 이탈리아 생리학자 말피기에 의해 동맥과 정맥을 잇는 모세혈관의 존재가 확인됨으로써 하비의 혈액순환 이론은 완전히 증명돼 진리로 받아들여졌다.

### 인공심장 / 생명의 창조를 향하여

하비가 근대적 혈액 순환이론을 세운 지 4세기 가까이 지난 지금, 인류는 혈액 순환의 구조를 밝히는 것을 넘어 그 기능을 인간이 만든 장치로 대신하고자 하고 있다. 인공심장, 인공판막, 인공혈관등을 만드는 기술은 현재 어디까지 발달한 것일까?

심장은 우리 몸에서 가장 중요한 장기이면서도 그 중요성에 비해 비교적 간단한 기능을 수행한다. 다른 장기들과 달리 심장은 특별한 효소나 단백질을 만들어내지 않는다. 오로지 혈액의 순환만을 책임지는 펌프일 뿐이다. 따라서 인공심장에 대한 연구는 다른 분야에 비해 일찍부터 이뤄져왔다. 또한 심장질환의 발병률과 사망률이 높아지는 데 반해 심장을 기증하는 사람이 한정돼 있어 인공심장에 관한 연구는 더욱 가속화되고 있다.

인공심장이란 심장 기능의 일부 또는 전체를 대신할 수 있는 의료기기를 말한다. 인공심장은 크게 '심실보조장치'와 '완전이식형 인공심장'으로 구분된다.

심실보조장치는 심실이 혈액을 심장 밖으로 내보내는 기능을 되찾을 수 있도록 도와준다. 예를 들어 좌심실과 대동맥에 각각 구멍을 뚫고 몸 밖에 있는 혈액 펌프에 연결한다. 이 펌프는 심실의 피를 직접 대동맥으로 이동시킴으로써 혈액이 심장 밖으로 나가는 것을 도와준다. 왼쪽 심실에 사용하는 것을 좌심실 보조장치, 오른쪽의 것을 우심실 보조장치라고 한다.

완전이식형 인공심장은 자연심장의 전체 기능을 대체할 수 있는 장치다. 자연심장에서 좌우심방과 대동맥, 그리고 폐동맥 부위를 잘라낸 뒤 그 자리에 부착시켜 자연심장의 기능을 완전히 대체하려는 목적이다. 완전이식형 인공심장이 최초로 사람에게 사용된 것은 1982년의 일이다. 미국인 치과의사 클라크에게 이식돼 1백12일 동안 생명을 유지시켰다. 1985년 완전이식형 인공심장을 이식받은 미국인 스크로더는 수술 후 퇴원해 6백20일 동

● 심실보조장치의 원리를 설명하는 의사와 장치의 내부 모습.

◯ 체내 동맥에 이식된 인공혈관

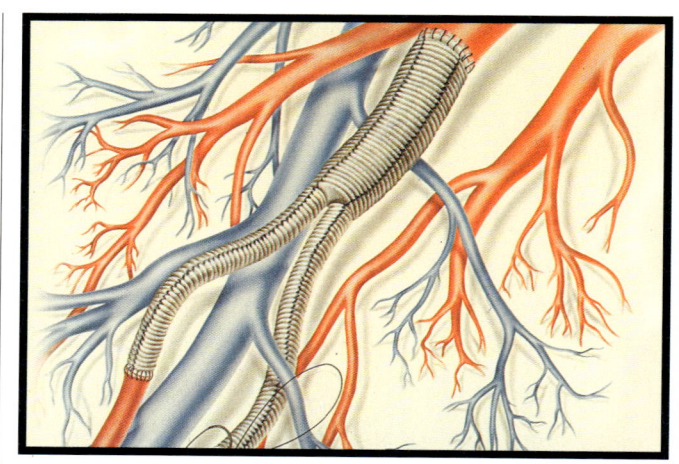

안 생존함으로써 인공심장의 신기원을 이룩했다.

우리나라는 1984년 이후 서울대 의대 의공학교실에서 전기식 완전이식형 심장 개발에 박차를 가하고 있다. 1988년 인공심장 '심청이'를 1백kg짜리 송아지에 이식하여 4일간 생존시키는 성과를 보였다. 심청이란 이름은 자기를 희생해 남을 돕는다는 의미 때문에 붙여졌다. 1992년에는 6백cc 크기의 인공심장이 개발돼 60kg의 양에 이식됐는데 4일간 생존했다. 현재는 컴퓨터 시뮬레이션을 통해 사람에게 더욱 적합하고 안전한 인공심장을 개발하고 있다.

### 인공혈관 / 혈액의 흐름을 부드럽게

혈관을 수술이나 약물로 치료하기 어려울 때 또는 산업재해, 자동차사고, 전쟁과 같은 상황에서 혈관이 회복될 수 없도록 손상됐을 때 인공혈관이 필요하다. 이상적인 인공혈관이 되기 위해서는 꼬이지 말아야 하고, 계속되는 수축과 팽창에 견디는 탄

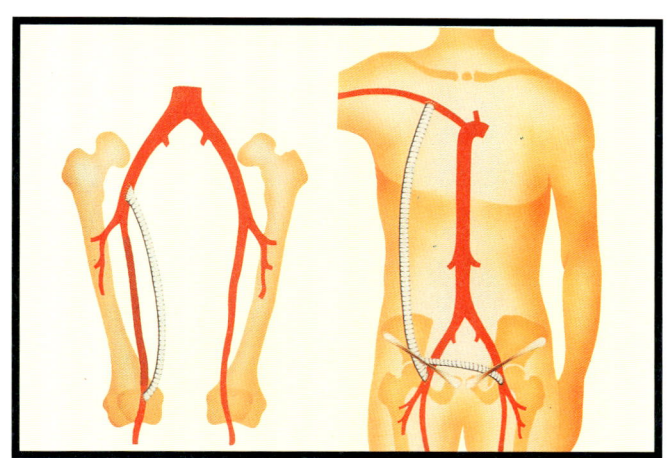

○ 멀리 떨어진 신체 부위에도 인공혈관 이식이 가능하다.

성과 유연성을 지녀야 한다. 또 인체에 대한 독성이 없어야 하고 면역반응을 일으키지 않아야 한다. 특히 혈관 내면에서 혈액이 응고되지 않아야 한다.

　인공혈관을 사용할 때 닥치는 가장 큰 어려움은 혈액이 굳어버려 구멍이 막히는 일이다. 자연혈관의 경우 안쪽에 있는 내피세포는 자체적으로 항응고물질을 분비해 혈관이 막히는 것을 방지한다. 하지만 인공혈관에 그런 세포가 있을 리 없다.

　인공혈관을 자연혈관 중간 부위에 연결했을 때 자연혈관의 내피세포는 인공혈관 쪽으로 자라나간다. 그러나 그 길이는 한정돼 있어 1cm가 고작이다. 만일 5cm 길이의 인공혈관을 이식한다면 중간의 3cm 정도는 내피세포가 없는 공간이 돼버려서 혈액이 굳게 된다.

　이 문제를 해결하기 위해 인공혈관벽에 구멍을 많이 뚫는 방법이 사용된다. 이 구멍을 통해 주변의 영양분들이 들어와 내피세포의 발육을 촉진시킨다. 인공혈관 중간의 빈 공간이 내피세

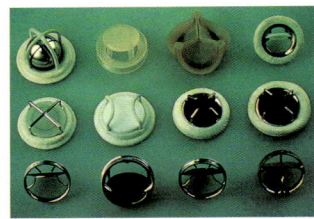
◐ 다양한 모양으로 개발된 인공판막들.

포로 메꿔지는 것이다. 게다가 뚫린 구멍들 때문에 혈관이 유연한 수축성을 지니게 된다.

인공혈관은 지름에 따라 대구경과 소구경으로 구분된다. 지름이 6mm 이상인 경우를 대구경, 이보다 작은 경우를 소구경이라고 한다. 현재 상품화된 인공혈관으로는 사람의 탯줄이나 시신, 동물로부터 얻은 생체조직을 화학적으로 처리한 생체 인공혈관, 그리고 테플론 인공혈관이 있다. 그러나 아직 혈액의 응고나 면역반응을 일으키는 문제점은 완전히 해결되지 않았다.

### 인공판막 / 심장의 안전장치

판막은 늘어나도 문제, 줄어들어도 문제다. 늘어나면 일단 나간 혈액이 도로 역류되는 상황이 벌어진다. 반대로 좁아지면 혈액이 정상적으로 나가지 못한다. 제 기능을 상실한 판막을 대신할 수 있는 인공판막이 개발되기 시작한 것은 1960년대부터다. 현재까지 60여종의 인공판막이 개발됐으며, 세계적으로 연간 약 7만5천건 이상의 판막치환 수술이 시행되고 있다.

인공판막의 종류는 크게 기계판막과 조직판막으로 구분된다. 기계판막은 혈액에 해를 적게 입히는 특수합금을 이용하여 한쪽 방향으로만 문이 열리게 만든 장치다. 그러나 혈액이 인공혈관의 재질표면과 화학반응을 일으켜 피가 엉기는 문제를 해결하기 어려웠다. 그래서 이식수술을 받은 환자에게 항응고제가 지속적으로 투여돼야 하는 문제점이 있었다. 판막이 열리고 닫힐 때 들리는 소음도 문제였다.

이런 단점을 보완하려 등장한 것이 조직판막이다. 생체 판막을 가운데 두고 주변을 지지대로 연결한 형태로 돼 있다. 1969년

돼지판막을 이용한 조직판막이 사람에게 성공적으로 이식된 후 다양한 제품들이 등장해왔다. 하지만 생체조직을 사용하다보니 기계식보다 내구성이 떨어져 10~15년 후에 재수술을 받아야 하는 번거로움이 있다.

최근에는 고분자로 만든 판막이 선보이고 있다. 이는 기계판막과 조직판막에 비해 값이 저렴하고 원하는 모양을 자유자재로 만들 수 있다는 장점을 갖췄다. 하지만 몸 안에서 혈액 같은 물질과 반응을 일으켜 재질이 잘 변하기 때문에 1년을 넘기기가 어렵다.

## 아시나요? 돼지를 이용한 인공장기

지금까지 개발됐거나 개발중인 인공장기는 간, 코, 귀, 심장, 치아, 피부, 뼈, 혈관, 방광 등은 물론 인체의 거의 모든 부분을 망라할 정도다. 인공장기를 만드는 방법은 다양한데, 유전자를 이용하여 형질을 전환한 동물장기로 인공장기를 만드는 방법이 가장 각광을 받고 있다.

과학자들이 가장 주목하고 있는 장기이식용 동물은 돼지다. 무엇보다 돼지의 장기 크기가 사람과 비슷하고 유전자배열도 사람과 유사하기 때문이다. 또 어미돼지 1마리가 새끼 20마리 이상을 생산하기 때문에 일단 개발만하면 풍족한 수의 장기를 확보할 수 있다. 게다가 병균에 감염되지 않는 돼지를 사육하는 기술이 개발됐다는 것도 장점이다.

하지만 아직 해결되지 않은 가장 큰 문제점이 남아있다. 돼지 조직을 환자에게 이식하면 몸에서 거부반응을 일으켜 돼지 조직이 2~3시간 내에 급속히 파괴되기 시작한다는 것이다. 그러나 연구가 계속 진행되고 있으므로 사람의 유전자를 가진 동물장기를 이식 받는 날이 머지 않을 것이다.

◐ 동물의 판막을 이용해 만든 조직판막.기계식보다 내구성이 떨어진다.

소화, 위대한 드라마

**혈액형의 발견**

# 안전한 수혈을 하려면

**혈액이 생명 유지에** 필수적이라는 생각은 동서고금을 통해 보편적인 것이었다. 구약성경에도 "육체의 생명은 피에 있음이라"(레위기 17장)라는 구절이 있다. 또한 그리스시대 이래 서양에서 혈액은 인체를 구성하는 4가지 체액 가운데 하나로 그 중요성이 강조돼왔다. 그에 따라 중세에는 교황 이노센트 8세 등이 소년의 피를 마셔 회춘을 시도하기도 했다.

### 닭은 실패, 개는 성공

혈액을 혈관을 통해 외부에서 공급하는 일, 즉 수혈은 영국의 윌리엄 하비가 혈액순환 현상을 증명하면서부터 가능해졌다. 그러나 하비 스스로는 수혈을 계획하거나 시도한 적이 없었다. 1652년 영국인 의사 프란시스 훗다가 닭의 피를 사람에게 수혈했지만 실패했다는 기록이 남아있다. 어떠한 방법으로 수혈을 했으며, 또 왜 실패했는지에 관한 기록은 남아있지 않지만 아마도 최초의 수혈 시도인 것으로 생각된다.

1665년에는 존 윌킨스가 개의 정맥에서 혈액을 채혈해 다른 개의 대퇴정맥에 수혈했다. 그리고 1665년 2월 리처드 로워가 영국 왕립학회의 월례회에서 많은 회원들이 지켜보는 가운데, 한 동물의 동맥에서 다른 동물의 정맥으로 직접 수혈하는 데 성공했다. 로워는 개의 경정맥(목으로 뻗은 대동맥의 분맥)에서 피를 빼 빈사상태를 만든 뒤, 그 개의 경정맥과 정상적인 개의 경동맥을 연결해 수혈했다. 그 결과 수혈받은 개가 원기를 회복하는 효과를 보였다.

사람에 대한 수혈을 처음으로 시도한 것은 프랑스 몽펠리에 대학의 철학 및 수학 교수이자 루이 14세의 시의인 장 드니였다. 실험동물 사이의 수혈을 거듭해 자신을 얻은 드니는, 1667년 오랫동안 고열로 고생하던 15세 소년에게 약 2백50mL의 동물 피를 수혈했다. 수혈 부위에 열이 생기는 등 약간의 부작용이 생겼지만 치료효과를 얻을 수 있었다.

드니는 이듬해에 다시 다른 환자에게 팔의 정맥을 통해 양의 피를 수혈했다. 그런데 이때는 수혈부위에 심한 통증이 있었을 뿐만 아니라 맥박이 불규칙해지고 구토, 설사, 근육통 등 부작용을 일으킨 끝에 마침내 환자가 사망하고 말았다.

프랑스 정부는 이 사건을 계기로 사람에 대한 수혈을 금지하

소화, 위대한 드라마

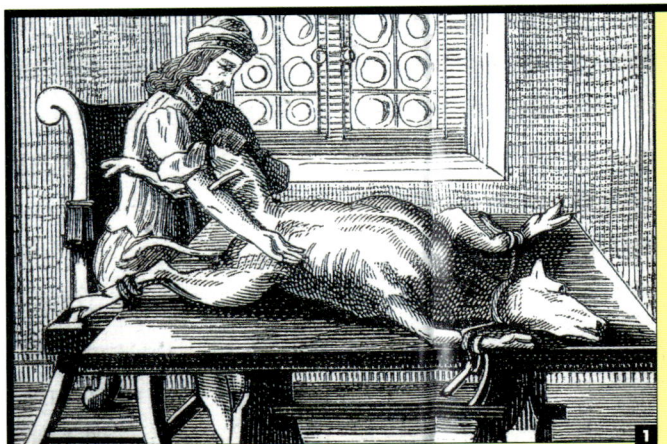

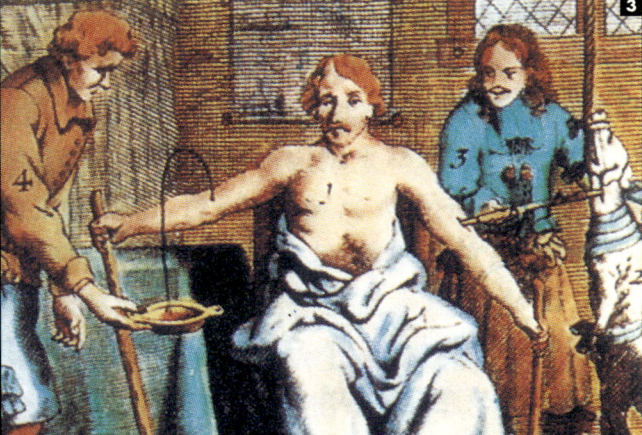

❶ 17세기 후반까지 수혈의 부작용에 대한 이해가 부족하여 동물의 피를 인간에게 수혈하려던 시도가 많았다. ❷ ABO식 혈액형을 발견해 안전한 수혈을 가능케한 칼 란트스타이너. ❸ 동물에서 사람에게 직접 수혈하는 모습을 묘사한 그림.

는 조치를 내렸고, 때문에 이후 1백50년 동안은 어느 누구도 수혈을 할 수 없었다. 이와 같이 17세기 후반까지도 수혈의 부작용에 대한 이해가 부족한 상황에서 동물의 피를 인간에게 수혈하려던 시도가 많이 있었다.

오랜 공백 뒤에 다시 수혈을 시도해 성공을 거둔 것은 영국 런던의 거이 병원에서 내과와 산부인과 의사로 활동하던 제임스 브란델이었다. 브란델 역시 드니처럼 우선 여러 차례의 동물실험을 거듭해 한 가지 중요한 원칙을 확립했다. 종이 다른 동물 사이의 수혈은 여러 가지 부작용을 일으키기 때문에, 수혈은 동종 동물 사이에 행해야 한다는 것이었다. 이에 따라 브란델은 드니와 달리 사람의 혈액을 채혈해 환자에게 수혈을 시도했다.

브란델은 자신의 조수 팔에서 약 3백50mL의 피를 뽑아 환자의 정맥에 주입했다. 환자는 일시적으로 증세가 좋아지는 효과를 보였지만 불행히도 사망하고 말았으며, 그 뒤로도 무려 18명의 환자가 사망하는 등 실패를 거듭했다. 하지만 브란델은 좌절하지 않고 임상시험을 반복하여 마침내 분만을 할 때 많은 출혈을 한 환자에게 역시 자신의 조수에게서 뽑은 약 2백50mL의 혈액을 수혈해 좋은 효과를 보았다.

브란델이 다시 시작한 수혈요법은 그 뒤 제임스 아벨링 등의 노력에 의해 방법이 개선되면서, 그 효과가 폭넓게 인정되기 시작했다. 특히 1870년의 프러시아와 프랑스 사이의 전쟁에서 수혈로 많은 생명을 건질 수 있었다. 그러나 수혈로 효과를 거둔 만큼 부작용도 많이 발생했으며 사망자도 속출했다.

채혈한 혈액이 응고되는 것도 문제였지만, 그보다 더 문제가 됐던 것은 '부적합한' 혈액 사이에 생기는 응집현상이었다. 서로

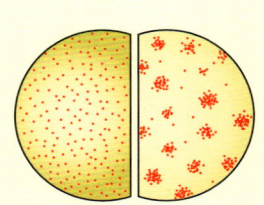

○ **적혈구의 응집.** 왼쪽은 적혈구가 정상적으로 흩어져 있고 오른쪽은 응집돼 있다.

○ **혈액 교차대조 실험.** 각 혈액형의 혈구와 혈장을 섞었다. 둥근 원은 현미경 시야, 붉은 점은 적혈구, 뭉치들은 혈액이 응집된 것을 나타낸다.

다른 사람의 혈액이 섞이면 덩어리가 형성되는 응집현상이 나타났던 것이다. 나중에 분명히 알게 됐지만 그동안 수많은 부작용이 생겼던 것도 바로 이 응집현상 때문이었다.

1899년 샤틀록은 서로 다른 사람의 혈액을 섞었을 때 적혈구가 응집반응을 일으키거나, 나아가 적혈구의 세포막이 파괴돼 그 안의 헤모글로빈이 흘러나오는 용혈현상이 생긴다는 사실을 발견했다. 그러나 샤틀록은 이러한 반응의 의미를 알지못했다.

### 혈액형을 발견하다

수혈의 부작용을 일으키는 응집반응의 정체와 그 원인을 규명

제4부 혈액형의 발견 | **소화의 비밀** | 125

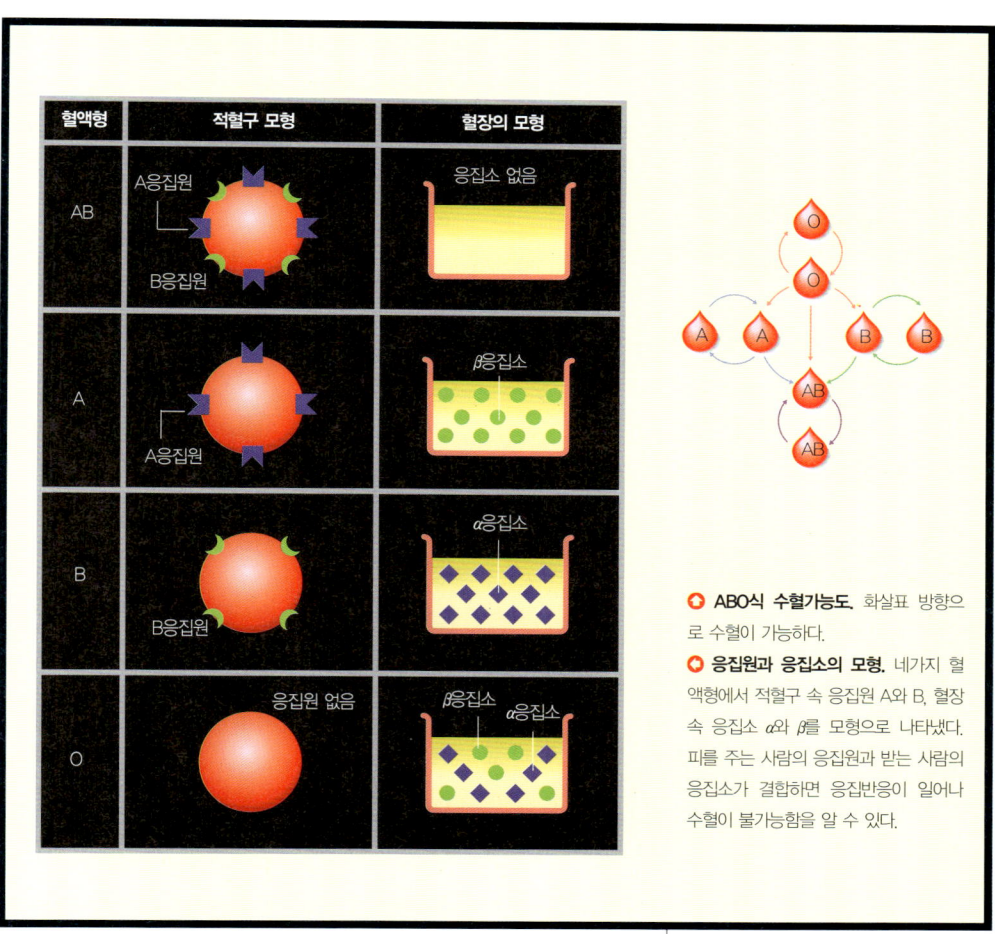

○ **ABO식 수혈가능도.** 화살표 방향으로 수혈이 가능하다.

○ **응집원과 응집소의 모형.** 네가지 혈액형에서 적혈구 속 응집원 A와 B, 혈장 속 응집소 $\alpha$와 $\beta$를 모형으로 나타냈다. 피를 주는 사람의 응집원과 받는 사람의 응집소가 결합하면 응집반응이 일어나 수혈이 불가능함을 알 수 있다.

한 사람은 란트스타이너(1868~1943)였다. 1900년 란트스타이너는 혈청학에 관한 연구를 하는 과정에서 바로 전해에 샤틀록이 발견했던 것과 똑같은 현상을 관찰했다. 어떤 사람에게서 얻은 혈청을 다른 사람의 혈액에 첨가하면 적혈구끼리 서로 엉겨 크고 작은 응혈괴가 형성된다는 사실이 관찰된 것이다. 란트스

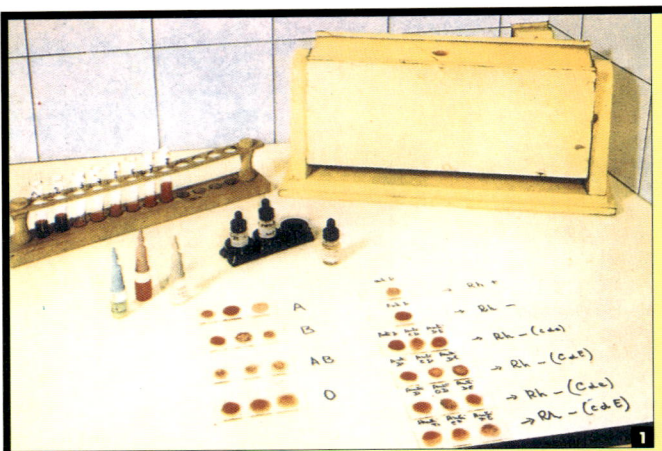

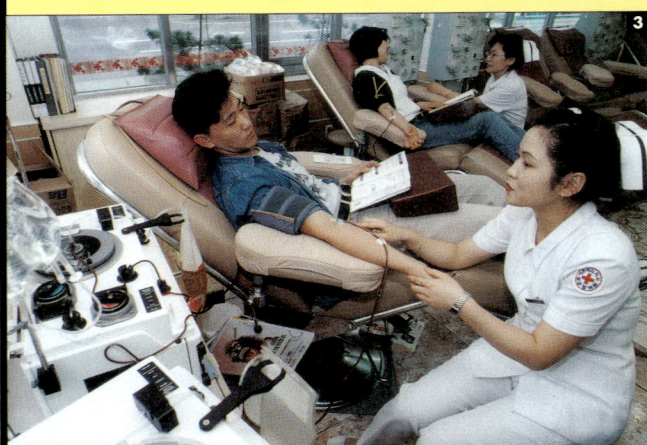

❶ 시약을 통한 혈액검사. Rh인자 등은 정밀시약을 이용해 검사가 이뤄진다. ❷ 혈액을 보관하는 혈액봉지. 원심분리를 통해 혈액의 각 성분을 분리할 수도 있다. ❸ 일반인에 의해 헌혈된 혈액은 정밀검사를 거쳐 수혈자에게 옮겨진다.

타이너의 이러한 관찰은 혈액형을 발견하는 출발점이 됐다.

그는 서로 다른 사람의 혈액을 섞더라도 항상 응혈괴가 형성되는 것은 아니라는 사실도 발견했다. 어떤 혈액들 사이에는 응혈괴가 생기고, 또 어떤 혈액들 사이에는 그것이 생기지 않는다는 사실을 란트스타이너는 놓치지 않았다. 샤틀록이 무심히 넘겼던 현상을 란트스타이너는 인내심 있게 추적했던 것이다.

마침내 그는 사람의 혈액을 몇 가지 타입(형)으로 나눌 수 있다는 가설을 세웠으며, 계속 연구를 진행하여 1901년 응집성의 차이에 따라 3가지 혈액형, 즉 A형, B형, O형으로 구분할 수 있다는 결론에 도달했다. 그리고 몇 해 뒤에 이러한 혈액형의 차이는 적혈구의 구조상의 차이 때문에 생긴다는 견해를 제시했다.

란트스타이너는 이러한 사실을 특별히 복잡한 실험이나 첨단 연구방법으로 발견한 것이 결코 아니었다. 과학의 역사에서 많은 위대한 발견이 그러하듯이 자신이 발견한 현상을 무심코 넘기지 않고 그 의미에 대해 진지하게 생각함으로써 의미있는 연구결과를 얻을 수 있었던 것이다.

란트스타이너가 3가지 혈액형의 존재에 대해 확인을 한 그 이듬해에 폰 데카스텔로와 스털리는 4번째 혈액형, 즉 AB형이 존재한다는 사실을 발견했다. 이러한 발견은 다른 연구자들에 의해 거듭 확인됐다.

란트스타이너가 발견한 혈액형의 의미는 점차 뚜렷해졌으며 그에 따라 여러 분야에서 활용되기 시작했다. 친자감별 등 법률적인 분야에서 혈액형이 쓰이기도 했지만, 특히 중요한 것은 한편으로는 공포의 대상이었던 수혈이 비로소 안전하게 이뤄질 수 있게 되었다는 점이다.

란트스타이너가 혈액형을 발견함에 따라 적합한 혈액만을 수혈에 사용한다는 원칙이 세워져 안전한 수혈이 가능해지게 된 것이다. 이로써 헤아릴 수 없이 수많은 사람이 생명을 구할 수 있었다. 그뿐만 아니라 출혈 문제를 극복하게 된 외과의사들이 더욱 과감한 수술을 시도함으로써 의학의 발전도 가속화됐다.

### 아시나요? 혈압의 측정

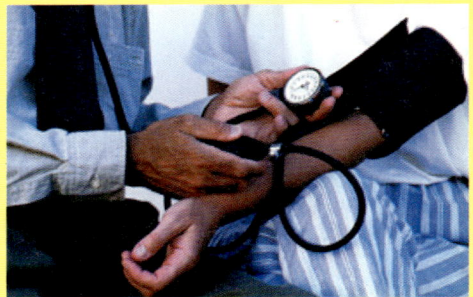

오늘날 흔히 볼 수 있는 혈압계와 비슷한 형태의 혈압계는 1896년 이탈리아의 의사였던 리바-로치(1863~1937)에 의해서 개발됐다. 그는 환자의 상박부(팔꿈치에서 어깨까지의 사이)에 밴드를 감은 뒤 손목의 맥박이 소실될 때까지 공기로 밴드를 팽창시킨 뒤에, 공기를 점차 줄여가면서 손목의 맥박이 다시 나타날 때의 압력을 기록했다. 이것은 심실이 수축상태에 있을 때의 동맥 혈압, 즉 수축기 혈압을 측정한 것이었다.

수축기 혈압뿐만 아니라 이완기 혈압도 함께 측정할 수 있게 된 것은, 1905년 러시아의 의사인 코르트코프에 의해서 가능하게 됐다. 코르트코프는 당시 31세의 나이로 러시아의 성 페테르부르그병원 외과에서 수련중이었다. 그 당시에는 혈압을 측정하면서 환자의 손목에 손을 대고 손목의 맥박이 사라졌다가 다시 나타나는 것을 확인했는데, 코르트코프는 환자의 상박부에 청진기를 대고서 혈압을 측정하다가 우연히 새로운 사실을 발견하게 됐다.

환자의 상박에 밴드를 감고서 상완동맥의 맥박이 청진기로 들리지 않을 때까지 공기를 팽창시킨 후 서서히 공기를 줄여나갔는데, 밴드의 부피를 어느 정도 줄이면 약하게 두드리는 소리와 같은 상완동맥의 맥박소리가 들리는 것을 알 수 있었다. 이것이 곧 수축기 혈압이었다. 그리고 나서 밴드의 공기를 더 줄여감에 따라서 맥박소리가 더욱 더 커지다가 갑자기 사라지는 순간이 생기는 것을 느꼈는데, 바로 이때의 혈압이 이완기 혈압, 즉 심실이 수축한 이후에 다시 확장될 때의 혈관내 압력이었다.

혈압을 측정한 결과가 1백20/80mmHg라면 1백20mmHg는 심실이 수축할 때의 혈압을 뜻하고, 80mmHg는 심실이 이완할 때의 혈압을 뜻한다. 코르트코프의 연구로 혈압계의 용도가 완전히 정립됐으며 이후 혈압계는 심혈관계질환의 진단 및 치료뿐만 아니라 중요한 연구 도구로도 없어서는 안될 필수적인 기구로 자리잡게 됐다.

# OX로 알아보는 비타민의 진실

### 탐구마당
읽을거리

비타민이 피로회복과 피부미용에 좋다는 것은 누구나 알고 있는 상식이다. 그래서인지 비타민만큼 많은 사람들과 친근한 영양소도 없는 것 같다. 그렇다면 우리가 알고 있는 비타민에 대한 상식은 과연 어느 정도일까?

#### 생각해보기

1. 비타민E를 먹으면 화상치료에 도움이 된다.(    )
2. 비타민C는 감기예방 및 치료에 좋다.(    )
3. 비타민제를 복용해도 체중은 늘지 않는다.(    )
4. 채소나 과일 등의 비타민을 보존하기 위해서는 차게 냉동시키는 것이 좋다.(    )
5. 비타민C는 괴혈병을 치료하거나 예방한다.(    )
6. 쌀에는 비타민$B_1$이 풍부하게 들어있다.(    )

#### 정리하기

1. ○ 베타카로틴과 비타민E를 함께 복용하면 자외선으로 인한 피부화상을 크게 줄일 수 있다. 베타카로틴은 햇볕으로 인한 피부화상을 완화시켜주고, 비타민E는 그런 효과를 더욱 증진시켜주기 때문이다.
2. × 비타민C가 감기를 완치시킨다는 증거는 없다. 다만 많은 양의 비타민C를 복용하면 감기를 앓는 기간이 줄어들고 감기증상이 완화된다는 보고는 있다.
3. ○ 비타민은 칼로리가 없으므로 체중이 늘지 않는다. 먹기 좋게 하기 위해 당으로 코팅할 경우에는 약간의 칼로리가 있지만 무시할 수 있는 수준이다.
4. × 비타민은 저온에서 쉽게 파괴된다. 또한, 차게 냉동된 음식을 빠른 속도로 녹이면 비타민 손실이 커진다.
5. ○ 비타민C는 영국의 해군 의사 제임스 린드에 의해 선원들이 고생하던 괴혈병에 특효약성분이 있다는 것이 밝혀졌다.
6. × 쌀을 도정하지 않은 현미에는 비타민$B_1$이 풍부하게 들어있지만, 도정한 백미에는 쌀눈이 떨어져나가 비타민$B_1$이 들어있지 않다.

**서바이벌 퀴즈**

- 입맛에 영향을 미치는 요인에는 어떤 것이 있을까?
- 비만으로 인해 나타날 수 있는 질병에는 어떤 것이 있을까?
- 효과적인 다이어트 방법은 무엇일까?

## Survival Quiz

# 4 식생활과 문화

너무 많이 먹어도 탈,
너무 안 먹어도 탈.
평소의 식생활 습관이 건강에 커다란
영향을 미친다.
무리하게 다이어트를 하다가
실패하는 경우가 있다.
무엇이 문제인가?

**1 입맛의 비밀**
　입맛은 오감의 화음
**2 비만**
　과다한 열량이 지방으로
**3 다이어트**
　제대로 먹는 습관이 중요
**4 거식증과 폭식증**
　허구가 빚어내는 스트레스

## 소 화, 위 대 한  드 라 마

**입맛의 비밀**

# 입맛은 오감의 화음

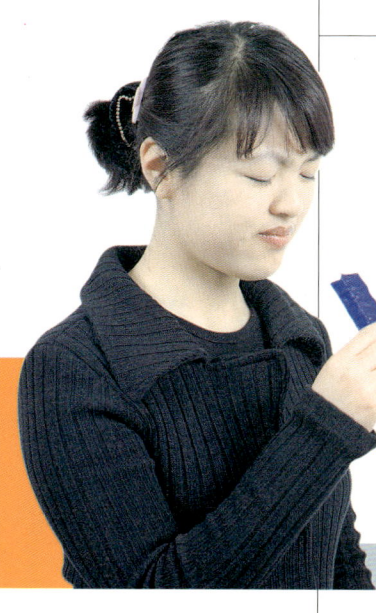

*Digestion*

**배불리 먹어 포만감이** 느껴지는 데도 음식을 '달고 다니며' 먹는 사람이 있다. 허기가 가셔도 음식을 부르는 입맛을 물리치기 어렵기 때문이다. 반대로 몸이 아무리 허기져도 입맛이 없어서 음식을 좀처럼 입에 대지 않는 사람도 있다.

계절이 변할 때나 몸에 질병이 생기면 입맛이 떨어지기도 하며, 입맛을 좌우하는 주된 요인은 유전적으로 결정되는 것들도 있다. 사람마다 가지각색인 입맛, 그 비밀은 무엇일까?

**식욕을 조절하는 메커니즘**

식욕을 관장하는 신경중추는 대뇌의 시상하부에 존재한다. 식사시간이 되면 수천개의 정보가 홍수처럼 시상하부로 몰려들어 배고픔을 알려준다. 그러면 시상하부는 이를 종합적으로 평가해 위액과 침의 생산을 증가시키라는 신호를 보내기 시작한다. 이에 따라 위 운동이 점점 빨라지고 미각세포의 감각은 한층 예민해진다. 이로써 우리는 식사시간이 됐음을 알게 된다. 실험에 따르면 식욕중추를 전기적으로 자극하면 배고픔을 느끼게 되고, 반대로 포만중추를 자극하면 포만감을 느껴 음식을 먹고 싶은 생각이 사라진다.

식욕과 포만감을 조절하는 정확한 메커니즘은 아직 완전히 밝혀지지 않았지만, 크게 세 가지 요인이 작용하는 것으로 생각해 볼 수 있다.

첫째, 음식이 들어가 위가 늘어나면 위벽에 분포한 신경으로부터 시상하부에 자극이 전달된다. 둘째, 음식을 섭취함으로써 혈중의 포도당 농도를 비롯한 여러 성분의 농도가 높아져 직접 시상하부를 자극한다. 마지막으로 음식을 섭취할 때 위장관으로부터 분비되는 여러 신경전달 물질들이 직·간접적으로 시상하부에 신호를 보낸다.

예를 들어 서양에서는 식욕을 돋우기 위해 식사 전에 전채를 먼저 먹는데, 위에 음식이 들어가면 십이지장에서 분비되는 콜리시스토키닌과 같은 물질들이 식욕중추를 자극해 식욕을 높이는 것으로 알려져있다.

이외에 여러 가지 질병도 식욕에 상당한 영향을 미친다. 흔히 몸에 병이 있으면 식욕이 떨어진다고 생각하는데, 사실은 그렇지 않다. 예를 들어 당뇨병이나 갑상선기능항진증과 같은 질환

● **시상하부**
뇌의 아래쪽, 머리의 중심 부근에 있으며 빛깔은 홍회색이고 크기는 콩알(약 4g)만하다. 자율신경의 중추가 모여 있어 생명과 직결되는 곳으로, 발달된 감지체계를 갖고있으며 신경계 내부에 직접, 간접으로 연결되어 있다. 시상하부는 체온과 체내의 수분을 일정하게 유지하고, 배고픔을 느끼는 것을 알려주는 등의 기능을 한다.

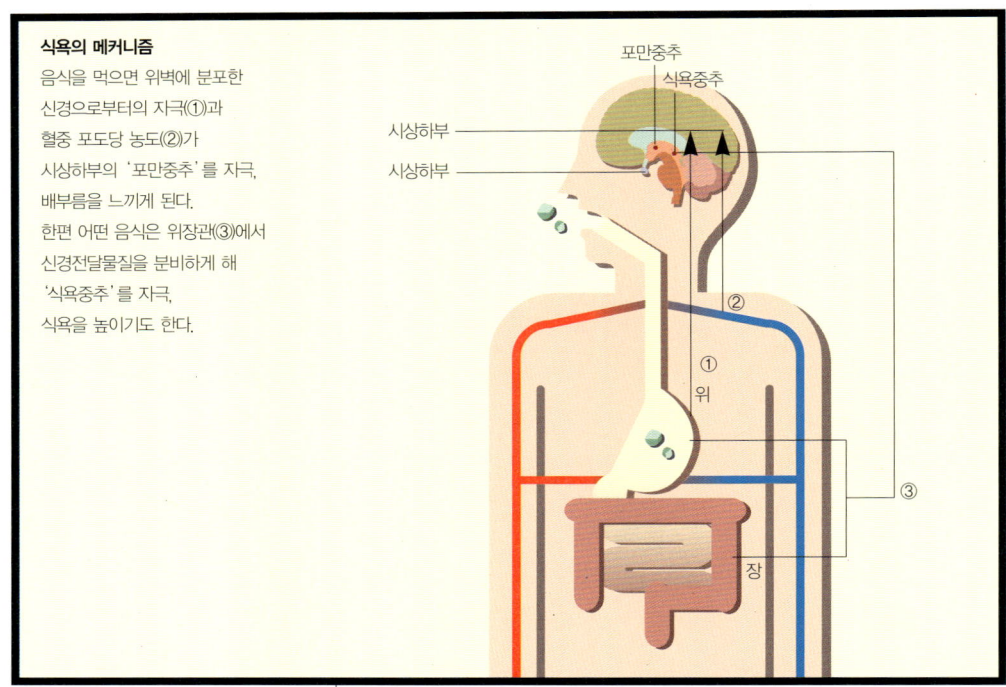

**식욕의 메커니즘**
음식을 먹으면 위벽에 분포한 신경으로부터의 자극(①)과 혈중 포도당 농도(②)가 시상하부의 '포만중추'를 자극, 배부름을 느끼게 된다. 한편 어떤 음식은 위장관(③)에서 신경전달물질을 분비하게 해 '식욕중추'를 자극, 식욕을 높이기도 한다.

에 걸려 몸에서 영양분이 대책없이 빠져나가거나 대사작용이 비정상적으로 활발해지면, 이를 보충하기 위해 식욕이 몹시 증진된다.

반대로 간질환이나 악성 종양의 경우에는 식욕이 떨어진다. 우울증과 같은 정신질환을 앓으면 식욕이 비정상적으로 증가될 수도, 또 반대로 감소될 수도 있다. 일상적인 스트레스도 불규칙적으로 식욕에 변화를 가져오는 원인이다.

### 파란색 음식이 없는 이유

식욕이 음식을 먹고 싶은 욕구라면, 입맛은 구체적인 음식에

○ 음식에 대한 느낌인 입맛은 사람이 감지하는 냄새, 색깔과 같은 시각 자극, 그리고 미각에 의해 좌우된다.

대한 사람의 느낌이다. 입맛에 관계되는 생리적 요인은 사람이 감지하는 냄새, 색깔과 같은 시각적 자극, 그리고 미각으로 나눌 수 있다. 물론 음식 자체의 온도나 질감과 같은 물리적 성질에 따라 사람의 살아나기도 하고 떨어지기도 한다.

보글보글 끓는 된장찌개 냄새, 학교 앞 분식점의 떡볶이 냄새, 치킨 가게 앞을 지날 때 풍기는 닭튀김 냄새…. 이런 음식 냄새를 맡으면 군침이 돌지 않을까? 아니, 생각만해도 벌써 군침이 돌 것이다.

음식 냄새는 식욕과 입맛을 돋운다. 그렇지만 축농증이 있거나 선천적으로 후각장애가 있어서 냄새를 잘 맡지 못할 경우에는 입맛이 줄어든다. 감기에 걸렸을 때 입맛이 없는 것도, 감기에 걸려 콧물이 나오면 후세포가 제 기능을 다하지 못해 후각을 잃게 되므로 맛을 잘 모르게 되기 때문이다. 눈물이 날 정도로 매운 양파도 코와 눈을 가리고 먹게 되면 별 고생없이 와삭와삭 씹으면서 먹을 수 있다. 후각이 차단되면 미각도 둔해진다는 말

○ 다양한 종류의 음식들. 하지만 푸른 빛을 띠고 있는 음식은 찾아보기 힘들다. 파란색은 식욕을 떨어뜨리기 때문이다.

이다.

　미각의 대부분은 후각의 도움을 받는다. 대뇌의 후각과 미각을 담당하는 부위가 서로 가까이에서 정보를 주고받으면서 맛을 느끼게 된다는 것이 정설이다. 이와 같이 후각과 미각은 상호 협동하여 맛을 느끼게 하므로 후각이 차단되면 맛을 잘 느끼지 못하게 된다.

　시각적 자극 또한 입맛에 매우 중요한 영향을 미친다. 어린이들이 즐겨 먹는 알알이 초콜릿을 살펴보자. 빨간색, 주황색, 노란색, 녹색, 갈색 등 여러 가지 색깔이 어우러져 입맛을 자극한다. 그런데 우리가 흔히 보는 색 중에 없는 색이 있다. 무슨 색일까? 바로 파란색이다. 사실 음식의 재료 중에 파란색을 띤 것은 좀처럼 찾기 어렵다. 파란색은 대체로 입맛을 떨어뜨린다고 알려져있기 때문이다.

　입맛을 결정짓는 가장 중요한 요소는 미각이다. 사람의 혀와 구강점막, 후두에는 맛을 느끼는 감각기관인 '미뢰'가 있다. 맛

제1부 입맛의 비밀 | **식생활과 문화** |

을 띠는 화학물질이 미뢰의 미세포를 자극하면 흥분하여 맛을 알게 된다. 미뢰가 가장 많이 분포하는 곳은 혀의 유두다. 갓난아기는 보통 수백 개의 미뢰를 가지고 태어나지만, 자라면서 미뢰의 숫자는 점차 늘어나 성인의 경우 개인차가 매우 크지만 평균적으로 2천~5천 개의 미뢰가 있다. 하나의 미뢰는 약 50~1백30개의 세포로 구성돼있고, 이 세포들 중 많은 수가 맛을 느끼는 미각 수용체 역할을 한다. 미뢰의 표면에는 아주 미세한 융모가 돋아있다. 각각의 융모에는 미공이라 불리는 작은 구멍이 있어 이를 통해 맛을 느끼게 하는 이온이나 분자들이 들어와서 세포 안으로 신호를 전달한다.

한편, 혀의 온도에 따라 전혀 다른 맛을 느낄 수 있다는 연구 결과도 있다. 단맛을 느끼는 부분인 혀끝을 차갑게 하면 단맛이

---

**아시나요?** **혀에 퍼져있는 네 가지 유두**

혀를 길게 빼고 거울을 들여다보자. 혀끝에 작은 돌기 같은 것들이 오돌도돌하게 솟아있는 게 보일 것이다. 혀의 안쪽에는 이보다 조금 큰 돌기들이 보인다. 이 돌기들은 젖꼭지 모양으로 생겼다고 해서 유두라고 부르며, 크기와 모양에 따라 네 가지로 나뉜다.

가장 숫자가 많은 '실 모양 유두'에는 미뢰가 없고, 통증이나 접촉을 느끼는 작은 감각수용체를 가지고 있다. 혀의 앞쪽 3분의 2 부위에 고루 흩어져있는 유두는 '버섯 모양 유두'라고 부른다. 약 2백 개가 존재하며, 각 유두마다 0~21개(평균 3개)의 미뢰를 가지고 있다. '잎사귀 모양 유두'는 혀의 더 안쪽 바깥 양측을 따라 분포하며, 양쪽을 합쳐 약 1천2백 개의 미뢰가 있다. '성곽 모양 유두'는 혀의 가장 깊은 곳 안쪽에 8~12개가 분포하고, 각 유두에 2백50여 개의 미뢰가 있다.

유두에는 이렇게 네 가지 종류가 있지만, 어느 모양의 유두가 어떤 맛을 담당하는지는 아직 정확하게 밝혀지지 않았다.

## 소화, 위대한 드라마

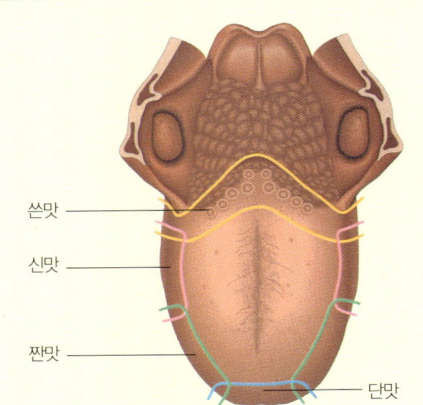

**혀에서 네 가지 맛을 느끼는 부분**
혀는 부위별로 단맛, 짠맛, 신맛, 쓴맛의 네 가지 맛을 느낀다. 그러나 각 영역이 절대적으로 구분되는 것은 아니다. 대체로 사람은 2백 가지의 복합적인 맛을 구별한다.

쓴맛
신맛
짠맛
단맛

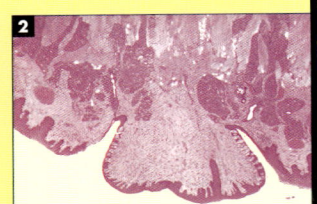

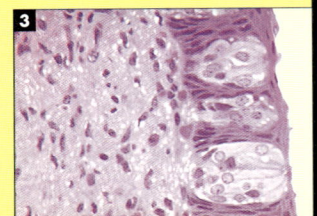

❶ 사람에 따라 입맛은 가지가지다. 입맛의 차이에는 유전적인 요인이 큰 영향을 끼친다.
❷ 잎사귀 모양 유두의 전자현미경 사진 ❸ 유두에 분포한 미뢰의 모습. 유두별로 평균 3개씩 분포한다.

약하게 느껴지는 것으로 나타났다. 실험 결과 혀의 온도를 15℃ 낮추면 신맛이 느껴지며, 25℃ 낮추면 짠맛이 느껴졌다. 얼린 디저트를 먹을 때처럼 온도 변화가 갑자기 일어날 때는 단맛을 내는 음식에서 신맛이나 짠맛을 느낄 수도 있다는 얘기다.

### 쓴맛에 민감한 여자, 단맛에 민감한 남자

음식의 맛은 일반적으로 단맛, 쓴맛, 짠맛, 신맛의 4가지로 분류된다. 매운맛은 미각이 아니라 촉각의 일부인 통각에 속하고, 떫은맛은 압각에 속한다. 혀는 4가지 맛을 부위별로 느끼지만 각 영역이 절대적으로 구분돼있는 것은 아니다. 대체로 사람은 최대 2백 가지의 복합적인 맛을 구별할 수 있다. 맛을 알게 되는 미세포에는 여러 종류가 있다. 기본 맛을 감각하는 부위가 조금씩 다른 것은 특정한 맛을 감각하는 미세포가 그 부위에 많이 분포하기 때문이다.

○ 같은 음식이라도 사람마다 느끼는 맛의 정도가 다르다.

유전적으로 미각이 민감한 사람들을 대상으로 맛의 차이를 연구한 결과, 여성이 남성보다 훨씬 미각에 민감한 것으로 나타났다. 특히 여성의 25%가량은 대단히 민감한 미각을 지닌 것으로 밝혀졌다. 사람의 5번 염색체에 있는 유전자가 미각에 관여하는 것으로 추정되는데, 이 유전자의 차이에 따라 혀에서 맛을 감지하는 부분인 미뢰의 밀도에 차이가 나는 것으로 보인다.

특이한 점은 여성들이 단맛보다 쓴맛에 민감한 반면, 남성들은 단맛에 민감하다는 사실이다. 그렇다면 여성들은 왜 쓴맛에 민감할까? 쓴맛을 내는 물질에는 대부분 어느 정도 독성이 있다. 연구자들은 여성이 임신 중에 태아를 보호하기 위해 쓴맛에 더 민감하도록 진화한 것으로 추측하고 있다. 실제로 최근 연구 결과 여성들은 사춘기에 접어들면서부터 쓴맛을 더 잘 느끼게 되고, 특히 임신 중에 민감도가 높은 것으로 나타났다.

한편, 같은 음식물이라도 사람에 따라 느끼는 맛에 차이가 나는 경우가 있다. 수입 과일인 자몽의 맛은 어떤 사람에게는 달게 느껴지지만 어떤 사람에게는 왜 이런 과일을 먹는지 모르겠다고 생각될 만큼 쓰게 느껴진다. 사카린의 경우도 마찬가지다. 어떤 사람은 사카린이 설탕처럼 달다고 느끼지만, 어떤 사람은 쓰다고 느낀다. 이처럼 사람마다 맛의 느낌이 다른 이유는 무엇일까?

특수한 염색법으로 혀를 조사한 결과 미각이 예민한 사람의 혀에는 $1cm^2$당 1천1백 개의 미뢰가 있는 데 반해, 미각이 둔한 사람의 혀에는 평균 11개 정도의 미뢰만 발견됐다. 그래서 미각이 둔한 사람의 혀를 염색할 경우 혀 위에 파란 점이 드문드문 보이지만, 미각이 예민한 사람의 혀를 염색하면 온통 짙푸른 얼룩으로 뒤덮인다. 미뢰는 통증과 온도, 촉감에 대한 정보를 뇌로 보내주는 역할도 하므로, 맛을 예민하게 느끼는 사람은 혀의 통각이나 촉감도 매우 발달돼있다.

미각이 예민한 사람들은 대부분 채소류에서 쓴맛을 심하게 느껴 야채를 싫어하는 경향이 있다. 재미있는 사실은 동양인이 서양인에 비해 상대적으로 미각이 예민한데, 동양인들의 주된 음식물이 채소류라는 점이다. 그래서 동양에서는 채소에서 쓴맛을 없애거나 약화시키도록 조리하는 방법이 예로부터 개발돼왔다. 예를 들어 중국음식에서는 야채를 익히지 않고 요리하는 경우가 매우 드물고, 익힌 야채를 기름에 볶고 여러 가지 향신료를 섞어 쓴맛을 둔화시키는 요리법을 즐겨 사용한다.

미각은 건강에 영향을 미칠 수 있다. 보통 미각을 지닌 사람들은 대부분의 음식을 너무 달지도 쓰지도 않게 느끼므로 편식할 가능성이 적다. 따라서 건강한 식생활을 영위할 가능성이 크다. 이에 비해 미각이 예민한 사람들은 아무래도 입에 맞는 음식만을 가려먹을 가능성이 크므로 영양분을 골고루 섭취하지 못하기 쉽다.

반대로 건강이 입맛에 영향을 미치기도 한다. 미뢰는 보통 수개월마다 재생되는데, 몸의 영양상태가 나쁘거나 나이가 들수록 숫자가 감소한다. 노인이 되면 대체로 입맛이 없어지는 이유도 미뢰 숫자가 감소하여 미각이 무뎌지기 때문이다. 또한 여러 가지 원인에 의한 약물복용이 입맛을 감소시키기도 한다. 약은 대부분 쓴맛을 지니는데, 몸에 흡수된 약물이 침으로 분비되면 입에서 쓴맛이 느껴지기 때문에 식욕이 감퇴되는 것이다.

### 아시나요?  PTC 미맹의 발견

1931년, 나일론을 발명한 회사로 유명한 듀폰사의 한 실험실에서 작은 사고가 일어났다. 연구원 중 한사람인 아서 폭스 박사가 페닐티오카바마이드(PTC)란 물질을 합성하던 중 이 물질이 공기 중으로 유출된 것이다. 다행히 별다른 사고는 없었다. 그런데 이때 우연히 실험실에 들어온 동료가 방안의 공기에서 매우 쓴맛을 느꼈다. 하지만 정작 폭스 박사 자신은 아무런 맛도 느낄 수 없었다.

이 사실에 흥미를 느낀 폭스 박사는 듀폰사의 사원들을 모아서 정제된 PTC를 맛보게 했다. 흥미롭게도 25%의 사람이 아무런 맛을 느끼지 못했고 나머지 사람들은 쓴맛을 느꼈다. 폭스 박사가 이 사실을 학회에 보고하자 유전학자와 인류학자들은 큰 관심을 보였다. 이들의 연구결과 쓴맛을 느끼지 못하는 특성은 '미맹'으로 이름 붙여졌고, 유전적으로 열성 인자에 해당한다는 점이 밝혀졌다.

이후 한동안 PTC 얘기는 단지 호기심의 대상으로 남아있었다. 그런데 1970년대 초반 PTC의 쓴맛을 느끼는 사람과 그렇지 못한 사람들에서 일상 식생활에 어떤 차이가 있는지에 대한 본격적인 연구가 시작됐다. 현재는 PTC 대신 PROP이란 물질을 써서 연구하고 있다.

연구결과 실험대상자 중 4분의 1의 사람들은 PROP이 아무런 맛도 나지 않는다고 느꼈다(무미각자). 이에 비해 약 절반의 사람은 쓰다고 느끼고(중간 미각자), 나머지 1/4은 PROP을 맛보는 순간 너무나 써서 펄쩍 뛰었다. 이 초미각자들은 아주 농도가 옅은 시험물질에도 예민하게 반응한다.

## 비만 — 과다한 열량이 지방으로

# Digestion

**누구나 멋진 몸매를** 갖고 싶어하고 날씬해지고 싶어한다. 여성들의 '날씬함'에 대한 사회적 압력은 상상을 초월할 정도다. 그런데 오늘날 식생활의 문제로 점점 더 비만인 사람이 늘어나고 있다. 특히 어린이들 중에도 비만체형이 많아져서 '살과의 전쟁'이 필요하다는 말까지 나오고 있다.

비만이란 몸에서 소모되는 열량에 비해 섭취한 열량이 많을 때 과다한 열량이 체내에 지방으로 축적되는 현상이다. 비만은 고혈압, 당뇨, 심혈관질환 등과 같은 각종 질병을 일으키는 요인이 된다. 또 외모 때문에 자신감을 잃거나 스트레스를 받아 사회생활에 지장을 주기도 한다.

### 나는 비만일까

일반인들이 비만도를 쉽게 파악할 수 있는 방법으로는 '체질량지수(BMI)' 법이 있다. 체질량지수란 체중(kg)을 키(m)의 제곱으로 나눈 수를 말한다. 장수하는 사람들의 체질량지수를 기준으로 남자는 22, 여자는 21이 정상이고, 남자 27 이상, 여자 25 이상이면 비만으로 간주한다.

$$체질량지수 = \frac{체중(kg)}{키(m)^2}$$

비만의 또 다른 기준으로는 대한소아과학회에서 제시한 것이 있다. 다음과 같은 식에 자신의 몸무게를 대입하여 계산하는데, 그 수치가 20~29이면 가벼운 비만, 30~49는 중등비만, 50 이상이면 고도비만이다. 중등비만과 고도비만은 병원치료를 받아야 한다. 특히 고도비만의 75%는 고지혈증, 당뇨병, 고혈압 등의 성인병이 합병증으로 나타날 수 있다.

$$\frac{현재\ 몸무게 - 신장별\ 표준체중}{신장별\ 표준체중} \times 100$$

### 똥배에도 종류가 있다

배가 나온 사람들을 살펴보자. 언뜻 보기에는 모두 비슷해 보이지만 사람마다 배가 나온 원인은 모두 다르다. 배가 나오는 것은 복부의 피하지방과 장 사이에 낀 내장지방 때문이다. 따라서

**청소년의 신장별 표준체중**

| 키(cm) | 몸무게(kg) | |
|---|---|---|
| | 남자 | 여자 |
| 45 | 2.71 | 2.69 |
| 50 | 3.44 | 3.39 |
| 55 | 4.58 | 4.65 |
| 60 | 6.23 | 6.05 |
| 65 | 7.58 | 7.38 |
| 70 | 8.71 | 8.48 |
| 75 | 9.85 | 9.53 |
| 80 | 11.06 | 10.94 |
| 85 | 12.27 | 11.97 |
| 155 | 47.88 | 49.01 |
| 90 | 13.51 | 13.20 |
| 95 | 14.58 | 14.39 |
| 100 | 15.92 | 15.77 |
| 105 | 17.52 | 17.42 |
| 110 | 19.20 | 18.97 |
| 115 | 21.06 | 21.09 |
| 120 | 23.16 | 23.07 |
| 125 | 25.77 | 25.43 |
| 130 | 29.20 | 27.99 |
| 135 | 32.53 | 31.70 |
| 140 | 35.94 | 34.83 |
| 145 | 40.19 | 39.00 |
| 150 | 43.64 | 45.91 |
| 160 | 51.21 | 53.37 |
| 165 | 57.72 | 56.71 |
| 170 | 61.47 | 59.72 |
| 175 | 65.40 | 60.18 |
| 180 | 69.73 | |

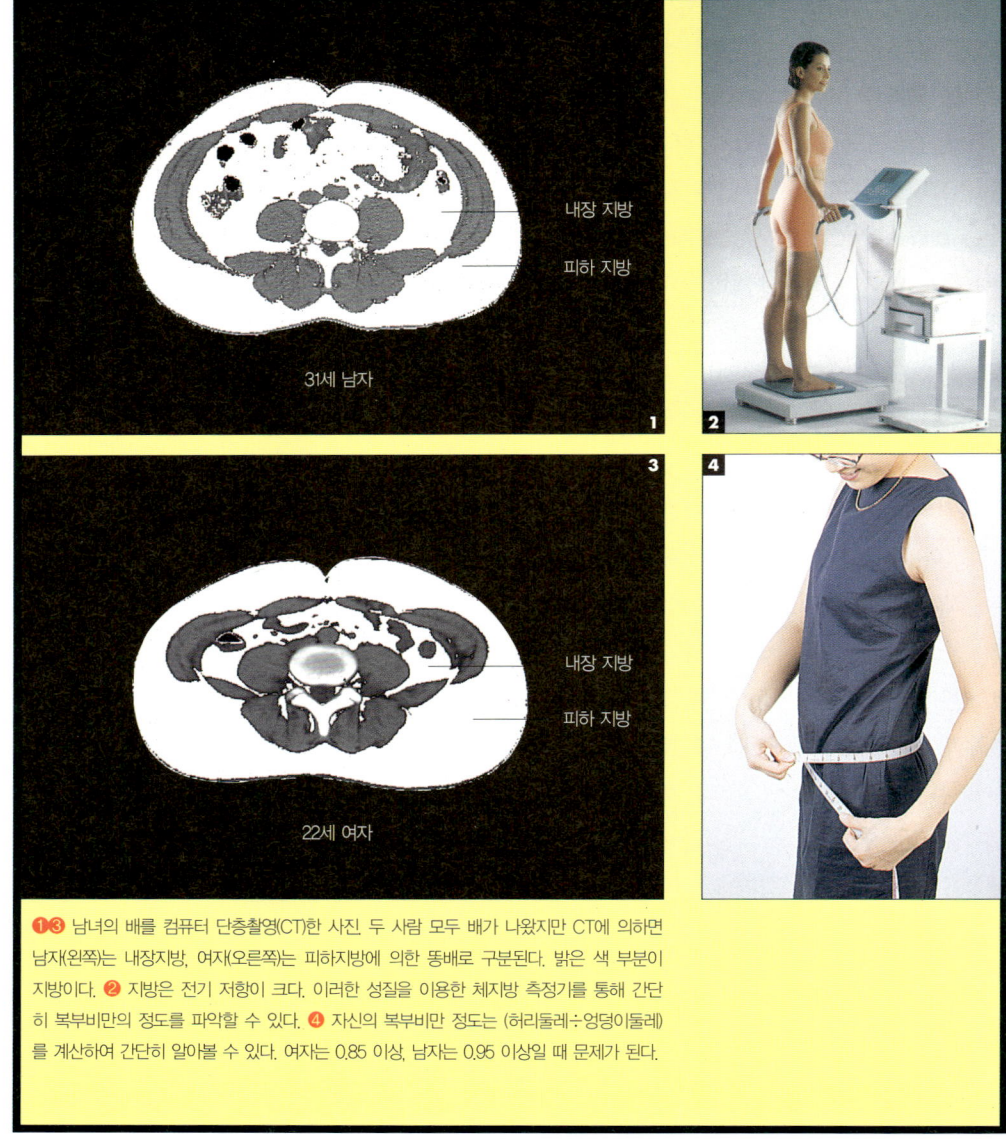

❶❸ 남녀의 배를 컴퓨터 단층촬영(CT)한 사진. 두 사람 모두 배가 나왔지만 CT에 의하면 남자(왼쪽)는 내장지방, 여자(오른쪽)는 피하지방에 의한 똥배로 구분된다. 밝은 색 부분이 지방이다. ❷ 지방은 전기 저항이 크다. 이러한 성질을 이용한 체지방 측정기를 통해 간단히 복부비만의 정도를 파악할 수 있다. ❹ 자신의 복부비만 정도는 (허리둘레÷엉덩이둘레)를 계산하여 간단히 알아볼 수 있다. 여자는 0.85 이상, 남자는 0.95 이상일 때 문제가 된다.

○ 사람은 누구나 멋진 몸매를 갖고 싶어한다.

배가 나온 모습이 비슷해도 어떤 사람은 주로 피하지방에 의한 것이고, 어떤 사람은 내장지방에 의한 것이다. 또 피하지방과 내장지방이 반반인 경우도 있다.

피하지방은 피부 바로 밑에 축적되는 지방을 말한다. 피하지방이 많으면 옷맵시가 좋지 않지만 건강에 직접적인 영향을 주지는 않는다. 하지만 비만의 정도가 심하면 피하지방과 내장지방이 동시에 증가하므로 문제가 된다.

그러나 내장지방은 그 자체가 건강의 적신호다. 우선 내장지방이 증가하면 지방에 의해 장이 눌리면서 내장의 활동에 지장이 초래된다. 이렇게 내장지방 때문에 배가 나오는 것을 '복부비만'이라고 한다.

자신의 똥배가 단순한 피하지방인지 병적인 복부비만인지 어떻게 알 수 있을까? 가장 정확한 방법은 병원에서 컴퓨터 단층촬영을 통해 확인하는 것이다. 가정에서 할 수 있는 간단한 방법으로는 허리둘레와 엉덩이둘레를 재어 그 수치를 비교하는 것이

○ 식생활의 변화와 운동부족으로 어린이 비만이 늘어나고 있다.

있다. 허리둘레를 엉덩이둘레로 나눈 수치가 여자 0.85 이상, 남자는 0.95 이상일 때를 복부비만으로 간주한다. 특히 아랫배보다 배꼽과 명치 사이가 불룩 튀어나오는 것이 더 해롭다.

### 어른보다 심각한 어린이 비만

과거에는 비만이 주로 성인들에게만 문제가 됐는데 이제는 상황이 달라졌다. 어린이들의 비만이 더욱 심각해지고 있는 것이다. 서울시 학교보건원의 조사 결과, 비만 어린이 비율이 1980년에는 5%, 1988년에는 10%였으나 1990년대 중반에는 20%를 넘어섰다.

어린이 비만은 어른의 비만과는 또 다른 심각한 문제가 있다. 어른은 지방세포가 커지기만 하지만 어린이는 지방세포의 수도 늘어나기 때문이다. 이 때문에 살을 빼더라도 다시 비만으로 되돌아갈 가능성이 훨씬 높다. 어린이 비만의 30%는 성인 비만으로 이어지며, 비만일 경우 키도 잘 자라지 않는다. 그리고 당뇨병, 고지혈증, 고혈압 등의 성인병이 합병증으로 생기기도 하며, 무릎이나 척추의 통증을 호소하기도 한다. 또 '뚱보'라는 놀림 때문에 자신감을 잃고 우울증에 빠지기도 한다. 남아는 성기가 잘 자라지 않으며, 여아는 생리불순으로 이어지고 나중에 불임의 원인이 될 수 있다.

어린이 비만으로 인해 어린이 당뇨병환자도 증가하고 있는데, 학계에서는 우리나라의 15세 이하 어린이 당뇨병환자가 1만~1만5천 명 정도인 것으로 추정하고 있다. 당뇨병은 비만과 거의 관계없는 '소아형'과 비만이 주원인인 '성인형'으로 나눠지는데, 최근에는 어린이 가운데서도 비만 때문에 몸의 인슐린이 부족해지거나 제 기능을 못해 생기는 성인형 당뇨병환자가 늘어나고 있는 추세다.

어린이 비만은 유전적 요인이 크다. 따라서 부모가 비만이면 특히 아이의 몸매에 신경 써야 한다. 최근에는 식생활의 변화, 교통수단의 발달, 놀이와 운동부족 등이 비만아 증가를 부채질하고 있다. 각종 조사 결과 대도시와 식구가 적은 가정에서 비만아가 많은 것으로 나타났고, TV를 1시간 더 볼수록 몸무게가 2%씩 늘어난다는 연구결과도 있다.

어린이 비만은 약물치료나 지방흡입술 등은 피하고 식사, 운동, 행동요법 등으로 고치는 것이 좋다.

■ **식사요법** : 무조건 식사의 양을 줄이면 성장장애와 뇌 발달장애를 가져올 수 있다. 기존 식사 때보다 칼로리를 20~30% 줄이면서, 단백질을 충분히 먹고 탄수화물과 지방섭취를 줄인다. 단식이나 식사를 거르는 것은 효과가 없다. 크림, 마요네즈, 햄

● **인슐린**
이자에서 분비되는 호르몬으로, 포도당을 글리코겐으로 전환시켜주는 역할을 한다.

○ 지나친 탄수화물 섭취는 비만을 초래한다.

버거, 과자 등의 음식은 피하고 기름기 없는 살코기, 생선, 야채, 과일 등을 많이 먹는다. 식이섬유가 듬뿍 든 야채와 과일은 배변을 잘 되게 하므로 살을 빼는 데 도움이 된다.

■ **운동요법** : 에어로빅, 달리기, 빨리걷기, 수영 등 온몸 운동이 좋지만, 특정한 운동을 고집할 필요는 없고 흥미를 느끼는 운동을 하면 된다. 처음에는 15분 정도 운동하고 조금씩 시간을 늘려 나간다. 운동을 할 때 첫 10~15분 사이에는 에너지원인 글리코겐이 연소되고 그 다음부터 지방이 연소되기 때문이다. 운동 전후 스트레칭을 곁들이면 운동효과가 높아지고 사고도 예방할 수 있다.

■ **행동요법** : 언제 어디에서 누구와 무엇을 얼마나 먹었는지, 포만감과 기분은 어땠는지 '식사일기'를 쓰는 것도 좋은 방법이 될 수 있다. 운동을 잘하는 친구와 사귀고 매일 운동의 종류, 시간, 강도 등을 기록하는 것도 좋다. 식사 때는 한 숟가락 떠서 입에 넣고 천천히 씹어먹는다.

### 만병의 근원, 당뇨병에서 암까지

비만은 심장병이나 고혈압의 발병률을 높일 뿐 아니라, 무거운 체중을 지탱하기 위해 근육이나 관절에 무리를 줌으로써 관절염을 일으키기도 한다. 그래서 비만은 다른 질병을 유발할 가능성이 있는 '1차적인 질병'으로 인식되고 있다.

복부비만이 있는 사람은 정상체중인 사람에 비해 혈액 속 콜레스테롤이나 중성지방의 수치가 높아진 경우가 많다. 이것을 '고지혈증'이라고 부르는데, 고지혈증은 협심증, 심근경색, 뇌졸중 등 동맥경화성 질환의 발생위험을 증가시키기 때문에 문제가 된다. 또 복부비만이 있으면 간에서 포도당 생산이 증가하여 혈당이 높아지므로 당뇨병의 발생 가능성이 높아진다. 게다가 복부비만으로 인해 인슐린이 말초기관에 미치는 효과가 떨어져, 이를 만회하기 위해 인슐린 분비가 늘어난다. 또한 남아도는 열량이 간에 중성지방의 형태로 축적되기 때문에 지방간 증상도 나타난다. 대장암, 췌장암, 담낭암 같은 악성종양의 발생 가능성도 높아진다. 이 경우 질병치료를 위해 복부비만치료가 우선되는 것은 당연한 일이다. 이러한 사실을 고려하면 복부비만은 만병의 근원인 동시에 치료의 출발점이라고 할 수 있다.

한편, 비만 여성이 낳은 아이에게서 신경계 질병이 나타나는 비율이 평균 몸무게의 여성에 비해 2배나 높은 것으로 밝혀졌다. 지금까지 과학자들은 신생아에게 신경계 질병이 나타나는 이유로 산모의 영양결핍이나 당뇨병을 지목해왔다. 비만 여성의 경우 살을 빼기 위해 잘 안 먹거나 흔히 당뇨에 시달리고 있기 때문에 비만 자체는 중요한 원인으로 고려되지 않았던 것이다. 하지만 최근 연구결과 영양결핍 상태가 아니거나 당뇨에 걸리지 않

● **지방간**
간세포의 거의 반수 이상이 지방으로 가득 차있어 간이 거의 지방으로 바뀐 경우를 말한다.

○ 윗몸일으키기는 똥배를 빼는 데 별 효과가 없다.

은 비만 여성의 아이에게도 이런 증상이 나타났다. 즉 아이의 질병이 어머니의 비만 정도에 큰 영향을 받고 있는 것이다.

### 비만 해소에 효과적인 방법은?

숨이 가쁠 정도로 열심히 뛰면 살이 빨리 빠질까? 그렇지 않다. 이렇게 뛰고 나면 체중이 줄기는 하지만, 이것은 대부분 땀으로 인한 수분 배출 때문이지 지방연소는 아니다.

뛰면서 숨이 가쁜 순간부터 인체는 필요한 에너지를 탄수화물을 무산소 분해하여 얻기 때문에, 지방은 효과적으로 연소되지 않는다. 탄수화물의 무산소 분해는 산소가 부족한 상태에서 에너지를 얻을 수 있는 장점이 있지만, 젖산이라는 부산물이 근육에 쌓이게 된다. 따라서 운동을 하고 난 뒤 대퇴부나 종아리 등의 근육에 알이 배기고 통증이 생겨 근육과 간에 피로가 쌓이는 단점이 있다.

그럼, 복부비만을 해소하기 위해 열심히 윗몸일으키기를 하는 것은 어떨까? 사실 윗몸일으키기를 비롯한 근육운동은 지방을 분해하는 효과가 매우 미약하다. 윗몸일으키기는 복근을 강화시키는 운동이다. 따라서 내장지방을 어느 정도 눌러주기 때문에 약간은 배를 들어가게 할 수 있다. 하지만 복부비만 자체를 해소하는 데는 별 효과가 없다.

배를 열심히 주무르면 지방이 분해된다고도 말하는데, 이 방법은 어떨까? 이것도 조금만 생각하면 사실이 아니라는 것을 알 수 있다. 물리적으로 배를 주무른다고 내장지방이 분해될 리 만무하다. 마찬가지로 가만히 누워있는 상태에서 기계가 운동을 시키는 것이나, 벨트로 배를 진동시키는 방법도 똥배를 감소시키는 데는 효과가 없다.

그럼, 장 속의 찌꺼기를 없애면 똥배가 없어지지 않을까? 아니면 관장을 하거나 장세척을 하면 어떨까? 그러나 관장이나 장세척은 복부비만을 치료하는 데는 아무런 도움이 되지 않는다. 인체의 장 기능은 정상적인 식사에 잘 적응돼있다. 따라서 비만치료를 목적으로 인위적으로 관장을 하거나 장세척을 하면, 오히려 장 기능의 정상적인 리듬이 깨져 만성적인 소화기질환을 유발할 수 있다.

사우나는 어떨까? 한참 동안 사우나를 하고 나오면 체중이 어느 정도 줄어든다. 하지만 이는 지방이 빠졌기 때문이 아니라 땀으로 몸의 수분이 빠져서일 뿐이다. 따라서 사우나 후에 식사를 하거나 물을 마시면 바로 원래의 체중으로 돌아간다. 더구나 체중조절을 목적으로 사우나를 하는 사람들은 한번에 1시간 이상씩 하는 경우가 많은데, 이것은 피부노화를 촉진하고 몸에 무리를 줄 수 있으므로 주의해야 한다.

🔴 비만을 해소하려면 유산소운동과 식이요법을 병행해야 한다.

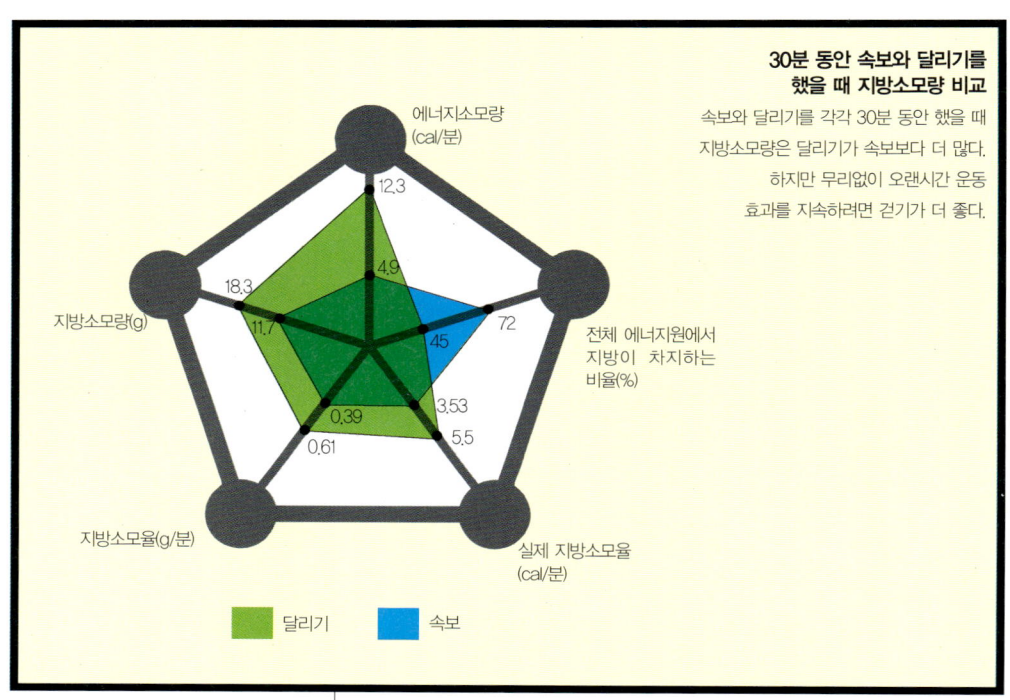

**30분 동안 속보와 달리기를 했을 때 지방소모량 비교**
속보와 달리기를 각각 30분 동안 했을 때 지방소모량은 달리기가 속보보다 더 많다. 하지만 무리없이 오랜시간 운동 효과를 지속하려면 걷기가 더 좋다.

그렇다면 비만을 해소하기 위한 효과적인 방법은 무엇일까? 비만 해소의 기본 원칙은 '열량 섭취를 줄이고 열량 소모는 늘린다'는 것이다. 이를 위해 1주일에 4~5회, 1일 1~2시간씩 꾸준히 운동을 하는 것이 좋다. 운동을 하면 운동을 하는 동안 열량이 소모되는 효과 이외에도, 기초대사율을 높여 운동을 하지 않는 시간에도 지방이 소모되는 일거양득의 효과를 거둘 수 있다.

그러면 어떤 운동이 효과적일까? 체지방을 효과적으로 연소하기 위해서는 뛰는 것보다는 걷는 게 좋다. 운동 뒤 피하지방의 두께변화를 조사한 실험에서도 걷기, 달리기, 자전거 타기 순으로 피하지방이 많이 감소된 것으로 나타났다. 숨이 차기 직전까

● **기초대사율**
인체가 생명을 유지해 나가는 데 꼭 필요한 열량으로, 보통 하루 권장 열량의 60~70% 정도에 해당된다.

지의 강도로 걷는 것이 바로 체지방을 연소시키는 포인트다.

다리근육이나 허리근육과 같이 큰 근육을 쉬지 않고 지속적으로 사용하는 걷기, 달리기, 자전거 타기, 수영 같은 유산소 운동은 지방 분해효과가 뛰어나므로 내장지방을 줄이는 데 효과가 크다. 그리고 이런 운동을 하여 근육이 발달하면 포도당이 잘 이용되고 인슐린도 제 기능을 유지할 수 있다.

체중조절을 위해서는 운동이 꼭 필요하다. 그러나 운동만으로는 체중을 줄이기 어렵다. 예를 들어, 30분 걷기운동은 아이스크림 1개의 열량을 소비할 뿐이다. 1시간 동안 골프를 치면 케이크 1쪽 정도의 열량을 소비할 수 있다. 따라서 효과적인 체중조절을 위해서는 운동을 하면서 식이요법도 함께 병행해야 한다.

식이요법의 기본 원칙은 '평소 식사량보다 음식물의 양을 줄이되 기초대사율보다는 더 먹어야 한다'는 것이다. 이보다 더 적게 먹을 경우 지방뿐 아니라 근육이 분해돼 에너지로 이용되므로 건강을 해칠 수 있다. 따라서 비만인 사람의 바람직한 식사량은 체격에 따라 다르지만 비슷한 키의 보통사람이 먹는 양의 60~70% 정도가 적당하다.

### 비만약, 다이어트의 새로운 돌풍

세계보건기구는 '비만 정도가 가벼우면 식이요법과 운동으로 치료하지만 정도가 심한 경우, 또는 식이요법이나 운동으로 나아지지 않을 경우엔 약물로 치료해야 한다'고 비만 치료지침에 규정했다. 비만은 단지 외모의 문제가 아니며 고혈압, 당뇨병 등과 같은 만성질환으로 의학적 치료를 받아야 한다는 개념이다.

환자에게 모든 책임을 떠맡기며 실천하기 힘든 식이요법과 운

소화, 위대한 드라마

동을 '강요' 하던 시대에서 이제는 비만을 고혈압, 당뇨병처럼 만성질환으로 보고 약으로 치료하는 '약물 치료시대' 가 열리고 있는 것이다.

그러면 비만약은 어떤 원리로 살을 빼는 것일까? 비만약이 추구하는 최종 목표 중 하나는 인체가 음식물로부터 칼로리를 흡수하지 못하도록 하는 것이다.

최근 시판된 '제니칼' 과 같은 비만약의 작용 메커니즘은 장 속의 지방분해효소인 리파아제의 작용을 억제하여, 음식물로 섭취

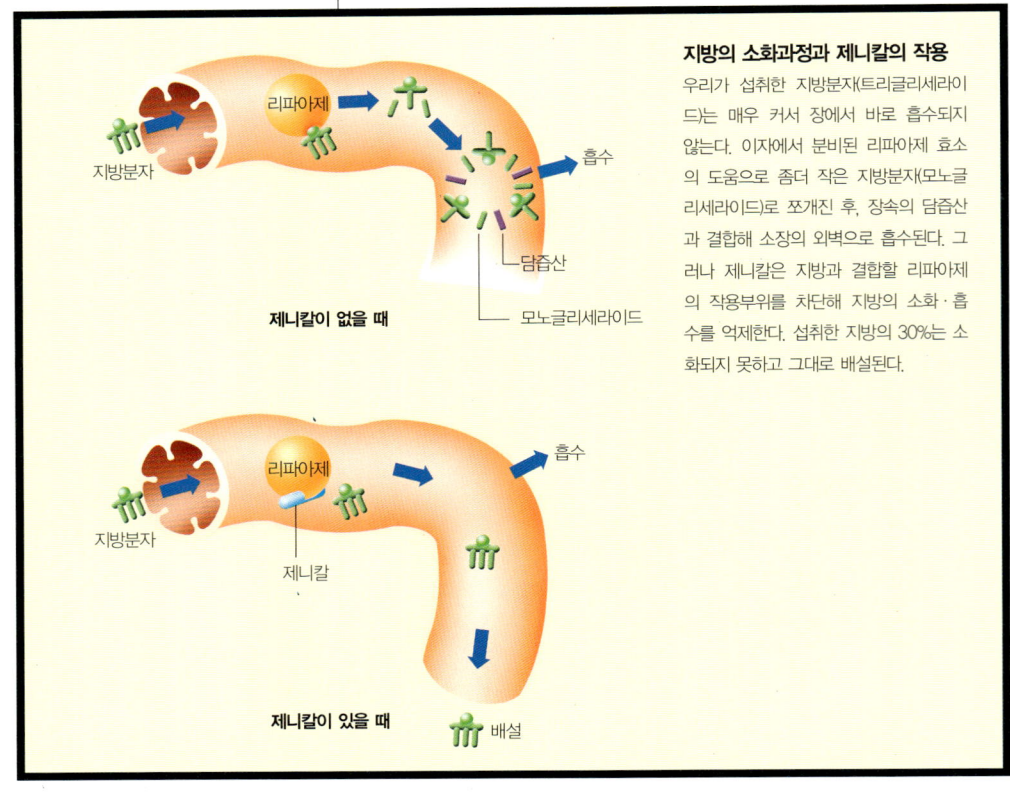

**지방의 소화과정과 제니칼의 작용**

우리가 섭취한 지방분자(트리글리세라이드)는 매우 커서 장에서 바로 흡수되지 않는다. 이자에서 분비된 리파아제 효소의 도움으로 좀더 작은 지방분자(모노글리세라이드)로 쪼개진 후, 장속의 담즙산과 결합해 소장의 외벽으로 흡수된다. 그러나 제니칼은 지방과 결합할 리파아제의 작용부위를 차단해 지방의 소화·흡수를 억제한다. 섭취한 지방의 30%는 소화되지 못하고 그대로 배설된다.

한 지방의 30% 정도를 흡수되지 못하도록 하는 것이다. 우리가 섭취한 지방은 매우 큰 분자여서 장에서 흡수되기 위해서는 작은 덩어리로 분해돼야 하는데, 이를 위해 이자에서 리파아제라는 지방분해효소가 분비된다. 비만약은 바로 이 리파아제의 작용을 억제함으로써 지방이 더 이상 잘게 쪼개지지 못하고 그대로 배설되게 하는 것이다.

그러나 비만약은 몇 가지 단점을 가지고 있다. 바로 지방분해효소인 리파아제의 활동을 방해하도록 만들어졌기 때문에 비만의 또다른 원인인 탄수화물에 대해서는 효과가 없다는 것이다. 뿐만 아니라 흡수되지 않은 지방이 설사를 유발하기 때문에 한 끼에 20g 이상의 지방을 섭취하는 사람은 복통과 설사 등의 부작용으로 고생할 가능성이 높다. 또한 이 약은 비타민A, D, E 등 지용성 비타민의 흡수도 방해하므로, 이런 비타민을 보충해서 먹어야 하는 불편함이 있다.

비만약이 처음 시판됐을 때는 만능 다이어트약으로 잘못 알려져서, 날씬한 몸매를 유지하려는 여성들이 앞다투어 구입대열에 나서는 등 이상열풍을 일으키기도 했다. 하지만 누구나 먹기만 하면 살이 빠지는 '만능 다이어트약'은 허상일 뿐이다. 체중감량의 성공여부는 어떤 음식을 얼마만큼 섭취하느냐에 달린 것이지 섭취한 후에 어떻게 흡수를 막느냐에 달려있는 것은 아니다.

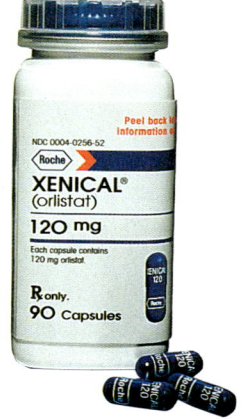

○ 국내에서 '살빼는 약'으로 소개돼 선풍적으로 인기를 끌기도 했던 제니칼. 하지만 제니칼은 누구나 먹기만 하면 살이 빠지는 '만능 다이어트 약'이 아니다.

## 다이어트
## 제대로 먹는 습관이 중요

**각종 매스컴을 통해** 체중감량에 대한 광고가 넘치고 있다. '1주일에 3kg을 줄일 수 있다', '잠자는 동안 체중이 빠진다', '실컷 먹고도 체중을 줄인다' 등 매력적인 문구가 많다.

많은 사람들은 이 광고가 얼마나 허황된 것인지 알고 있다. 그러나 비만환자는 지푸라기라도 잡는 심정으로 이 꿈같은 광고에 쉽게 유혹된다. 그 결과 커다란 금전적 손실을 입을 뿐 아니라 건강이 악화되기도 한다. 유감스럽게도 현재까지 비만 특효약은 없다.

### 반짝 다이어트, 몸을 망친다

많은 사람들이 체중을 줄이려고 식이요법에 시간과 노력을 투자하지만 결국 실패하고 만다. 한 통계에 따르면 식이요법을 통한 체중조절 실패율은 무려 60~90%에 이른다. 왜 그럴까?

다이어트의 시도와 실패가 여러 번 반복되면 체중은 더 증가한다. 이를 '요요현상'이라고 한다. 이 현상은 몸의 '자동 기억조절장치' 때문에 발생한다.

몸은 자기 체중을 기억하고 있다. 그래서 에너지 공급량(식사량)과 소비량(활동량)이 어느 정도 변해도 몸은 일정한 체중을 유지하려고 안간힘을 쓴다. 만일 평소보다 식사량을 줄이면 몸은 '에너지 고갈상태'로 인식하여 몸의 에너지 소비량을 줄인다. 이 상태에서 평소 식사량으로 돌아오면 어떤 일이 생길까? 몸은 '에너지 과잉상태'로 변하고, 이 남아도는 에너지들이 체지방의 형태로 변해 살이 찌게 된다.

따라서 '며칠 저녁 안 먹기'나 '다이어트 식품만 먹기' 또는 극단적으로 '물만 먹고 단식하기' 등 평생 계속할 수 없는 방법은 피해야 한다. 이런 방법들은 체중을 효과적으로 줄이지도 못할 뿐더러 각종 부작용만 불러 일으킨다. 예를 들어, 1일 6백kcal 이하의 극저열량식을 섭취할 경우 더부룩함, 메스꺼움, 구토, 복통, 설사, 담낭질환악화, 월경불순, 피부건조, 탈모, 두통, 무기력감, 저혈압, 근육통 등 헤아릴 수 없을 정도로 많은 부작용이 발생한다.

물론 극저열량식이 필요한 경우가 있다. 체질량지수 30 이상인 고도의 비만자, 인슐린 비의존형 당뇨병에 걸린 비만자, 수면 중 호흡이 멈추는 증세를 보이는 비만자 등에게는 긍정적인 효

## 소화, 위대한 드라마

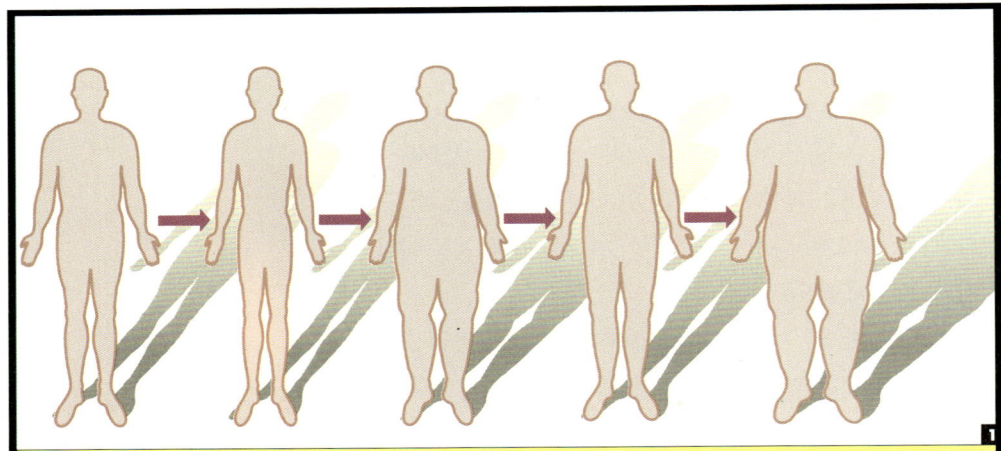

❶ 요요현상. 지나치게 적게 먹는 상태에 몸이 적응되면, 식사량을 되돌리자마자 다시 살이 찐다. ❷ 건강한 몸매를 위해서는 규칙적인 식사를 하고 과식을 피하는 것이 필요하다. ❸ 과일과 야채가 건강에 좋은 것은 사실이다. 그러나 체중조절을 위해 과일과 야채만 먹겠다는 것은 또 다른 편식이다. 균형잡힌 식단이 더 큰 효과를 가져올 수 있다.

과를 거둘 수 있다. 그러나 이 경우도 돌연사의 위험이 있으므로 의료진의 철저한 감시 아래 시행해야 한다.

가장 바람직한 체중감량 속도는 1주일에 5백g이다. 이를 위해서는 1주일 동안 3천5백kcal를 줄여 먹으면 된다. 대부분의 사람들은 평소보다 하루 5백kcal만 줄이면 자연스럽게 체중을 조절할 수 있다.

벼락치기 공부가 실력 향상에 별로 도움이 되지 않듯이, 벼락치기 다이어트는 별 효과도 없이 오히려 건강을 해칠 수 있다. 식이요법의 열쇠는 바로 '평생 꾸준히 식습관을 변화시키는 것'이다.

### 야채만 먹는 다이어트, 문제 있다

흔히 다이어트를 위해서는 지방이 든 음식을 먹지 않고 과일과 야채를 주로 먹어야 한다고 생각한다. 그러나 무조건 지방을 섭취하지 않는 것보다는 불포화지방을 섭취하는 것이 좋다. 불포화지방이란 탄소원자 사이에 이중결합이 들어있는 지방산을 포함하고 있는 지방을 말한다. 땅콩, 씨앗, 생선, 옥수수, 콩기름 등이 불포화지방의 좋은 공급원들이다.

지금까지 다이어트에서는 곡식, 과일, 채소 같은 탄수화물을 많이 먹으면서 무조건 몸에서 지방을 없애려고 노력해왔다. 물론 이와 같은 다이어트는 소위 '나쁜' 콜레스테롤이 쌓여 줄이는 데 도움이 된다. '나쁜' 콜레스테롤의 생성으로 좁혀진 혈관은 심장마비 또는 발작의 원인이 되는 혈액덩어리를 유발하고, 이로 인해 혈관이 막히기 쉽다.

그러나 최근 미국심장협회는 과도한 탄수화물 식이요법은 '좋

◯ 평소의 식생활 습관이 무엇보다도 중요하다.

은' 콜레스테롤까지 감소시킬 수도 있다고 경고하고 있다. 미국 심장협회의 연구결과 불포화지방을 먹으면서 다이어트를 하면 '좋은' 콜레스테롤을 감소시키지는 않는다는 것이 밝혀졌다. 또한 이러한 불포화지방은 혈액의 중요성분인 혈소판을 만들어내는데 도움을 줘, 혈액이 덩어리로 응결되는 것을 막고 혈액의 유동성을 높여준다.

### 나의 식생활 습관은?

　TV를 보면서 주로 과자를 먹는다, 배가 고프지 않아도 누가 먹을 것을 주면 먹는다, 다이어트를 위해 아침식사를 거른다, 10~15분 만에 식사를 마친다, 라면, 피자, 도넛, 아이스크림, 콜라를 즐겨 먹는다 등등……. 
　이런 식생활 습관을 갖고 있다면, 날씬한 몸매는 희망사항에 불과할 뿐이다. 왜 그런지 하나씩 살펴보자.

첫째, 배가 고파 먹는 것이 아니라 스트레스 해소와 기분전환용으로 먹게 되면 포만감이나 만족감을 얻지 못하고 계속 먹게 된다.

둘째, 식사 횟수를 줄이면 오히려 비만이 되기 쉽다. 한끼를 거르면 다음 끼니 때 식사량이 늘어 살이 더 찌게 된다. 그리고 식사를 거르면 기초대사율이 떨어져 체내 지방 축적량은 오히려 늘어난다. 그렇게 되면 적게 먹고도 살이 찌는 억울한 일을 당할 수 있다.

○ 다이어트는 운동과 식이요법을 병행해야 어느 정도 효과를 볼 수 있다.

따라서 세끼를 꼭 챙겨먹되 매 끼의 식사량을 줄이고 고열량 식품을 가급적 피하는 것이 바람직하다. 한편 식사를 거르면 두뇌활동에도 좋지 않다. 포도당이 뇌에 공급되지 않아 신경세포가 잘 활동하지 못하기 때문이다.

셋째, 식사를 빨리 마치면 적당한 양을 먹어도 배가 부른 느낌이 오지 않아서 과식을 하기 쉽다. 식사를 시작하면 혈액 중 포도당이 증가하여, 20여분이 지나야 포도당이 뇌 시상하부를 자극하여 포만감이 생기게 되고 식욕중추를 억제하게 된다. 그런데 이러한 일들이 일어날 시간적 여유를 주지 않고 빨리 먹게 되면 이미 충분한 열량을 섭취한 뒤에도 포만감을 못 느끼게 된다.

넷째, 라면, 피자, 도넛, 아이스크림, 콜라 등은 영양가가 거의 없고 열량만 내는 헛열량식품이라서, 필요 이상의 에너지를 섭취할 가능성이 크다.

생활 전반에서 잘못된 식생활 습관을 발견해 이를 조금씩 고치면서 올바른 식생활 습관을 갖는 것이 건강을 위해서, 그리고 체중조절을 위해서 도움이 된다.

# 소화, 위대한 드라마

## 허구가 빚어내는 스트레스

거식증과 폭식증

*Digestion*

**복잡한 현대 사회에서** 음식은 단순히 먹는 것 이상의 의미를 지닌다. 아이들은 뭔가 불만이 있거나 투정을 부릴 때 '나, 밥 안 먹어!' 라는 말을 곧잘 쓴다. 정치인들도 자신의 의지나 결백을 주장할 때 단식을 즐겨 사용한다.

반면 누군가와 친해질 때 함께 식사를 하는 것만큼 좋은 길은 없다. 음식이 생존에 있어서 꼭 필요한 것이니 만큼, 음식을 거부하는 행위는 강력한 의지와 결단의 표상이며 음식을 함께 하는 것은 관심과 친밀감의 상징이다.

### 거식증, 폭식증 환자 대다수가 여성

음식이 정신적·심리적인 요소들이 결합된 문화적인 형태로 자리잡아감에 따라 여기에 얽힌 정신장애가 발생하는 것도 어쩌면 당연한 일이다. 음식을 먹는 행위에 심각한 문제가 있는 정신질환을 '섭식장애'라고 하는데, 거식증과 폭식증이 그 대표적인 예다. 여성들에게 날씬한 몸매를 강요하는 사회분위기로 인해 이러한 섭식장애는 현대사회에서 심각한 정신질환으로 급부상하고 있다.

현대사회에서 여성이 뚱뚱한 몸으로 살아간다는 것이 얼마나 힘겨운가는 영화 '뮤리엘의 웨딩'(Muriel's Wedding, 1994)이나 우리나라 영화 '코르셋'(1996)을 보면 잘 알 수 있다.

'뮤리엘의 웨딩'에서 여주인공 뮤리엘은 뚱뚱하고 못생겼다는 이유로 친구들에게 심지어 아버지에게도 따돌림을 당하고, 급기야 올림픽 출전을 위해 호주 국적을 얻으려는 남아프리카 수영선수와 위장결혼식까지 올린다. '코르셋'에서 속옷 디자이너 공선주는 동료남성들에게 늘 웃음거리가 되며 심지어 자신의 몸을 있는 그대로 사랑한다고 믿었던 애인에게서까지 배신을 당한다.

이 영화들을 보고 있으면 뚱뚱한 여성에 대한 남성들의 멸시와 날씬한 몸매에 대한 여성들의 스트레스가 가히 여성들을 정신장애로 몰고 갈 수 있음을 짐작케 된다.

◐ 뮤리엘의 웨딩 영화 포스터.

### 거식증, 음식물 거의 못 먹어

특히 모델이나 탤런트, 가수 같은 연예인들의 경우 이러한 스트레스는 보통 사람들이 상상하는 것 이상이다. 체중 증가에 대

○ 영화 '301 302'에서는 폭식증에 걸린 여자와 거식증에 걸린 여자의 갈등상황이 나온다.

한 심각한 두려움이나 정신적인 상처로 인해 식사를 거부하는 질병인 '거식증'이 일반인들에게 널리 알려지게 된 것도 미국의 인기 듀오 '카펜터즈'의 멤버인 카렌 카펜터가 거식증으로 인한 심장마비로 사망한 이후부터다. 카펜터즈는 'Top of the world', 'Yesterday once more', 'Sing' 등 수많은 히트곡으로 1970년대 미국 팝 음악계를 휩쓸었던 남매 듀엣이다.

화려한 겉모습과는 달리 오랜 외로움과 과도한 스트레스에 시달렸던 카렌은 다이어트를 통해 체중조절을 하다가 그것이 지나쳐 거식증으로까지 발전하게 됐다. 1983년 2월, 옷을 꺼내기 위해 옷장을 향하던 그녀는 갑자기 찾아온 심장마비로 쓰러져 영영 깨어나지 못했다. 당시 32세였던 그녀의 몸무게는 30kg 정도였다고 하니 거식증이 얼마나 심각했는지 짐작할 수 있다.

파파라치에게 쫓기다가 교통사고로 사망해 영국 국민들을 깊은 슬픔에 잠기게 했던 영국의 다이애나 왕세자비도 남편과의 불행한 결혼 생활 때문에 거식증에 시달렸다. 할리우드 영화배

제4부 거식증과 폭식증 **| 식생활과 문화 |**

◆ 폭식증에 걸린 사람이 거식증에 걸린 사람에게 억지로 음식을 먹이고 있다. 영화 '301 302'의 한 장면.

우 멜라니 그리피스는 남편 안토니오 반데라스의 사랑을 잃지 않기 위해 다이어트약을 과다 복용해오다가 병원에 입원하기도 했다. 체조선수나 발레리나처럼 마른 몸이 요구되는 직업의 종사자들도 거식증에 걸릴 위험이 높다. 미국의 체조 영웅이자 올림픽 메달리스트 캐시 릭비 맥코이는 올림픽 출전을 위해 체중을 조절하다가 거식증에 걸려 16살 때부터 12년 동안 거의 음식물을 먹지 못했다고 한다.

그렇다면 과연 거식증이란 어떤 질병일까? '신경성 식욕부진증'이라고 불리는 이 질병은, 체중 증가에 대한 심각한 두려움이나 정신적인 상처로 인해 식사를 거부해 체중이 극도로 감소하는 정신장애를 말한다. 날씬한 몸매를 원하는 10~20대의 젊은 여성에게 주로 나타나는 병으로, 특히 강박적, 완벽주의적, 지적, 이기적인 젊은 여성에게서 자주 발병한다. 여성이 남성에 비해 발병할 확률이 10~20배가량 높다.

처음에는 살을 빼기 위해 의식적으로 다이어트를 시작하지만

◐ 영화 '세븐'에서 음식물을 많이 먹는 폭식이 일곱 가지 죄 중 하나로 등장한다.

이것이 오래 계속되면서 점점 먹는 것에 대한 혐오감이 생기고 식사를 거부하게 된다. 결국 심하게 마르고 과다한 체중감량으로 인해 월경이 멈추기도 한다. 그러나 심한 체중감소에도 불구하고 환자는 스스로를 비만하다고 인식해, 전혀 먹으려 하지 않고 음식에 대한 극도의 혐오를 보이며 음식물을 보기만해도 구토를 일으킨다. 또 설사제나 이뇨제를 쓰면서까지 체중을 줄이려고 노력하며, 심한 우울증이나 불안장애에 시달리기도 한다.

### 폭식증, 구역질 날 정도로 먹는 지경

한편 폭식증은 일반적으로 음식을 무조건 많이 먹는 '비만'과

자주 혼동되는데, 많이 먹는다고 해서 모두 폭식증은 아니다. '신경성 대식증'이라고 불리는 이 질병에 걸리면 복통과 구역질이 날 정도로 많이 먹으면서도 식욕을 통제할 수 없는 지경이 된다. 미국에서는 폭식증을 흔히 불리미아(Bulimia)라고 하는데, '황소'를 뜻하는 그리스어 bous와 '배고픔'을 뜻하는 limos를 합친 것으로, '황소처럼 많이 먹는 식욕'이라는 뜻이다. 폭식증 환자들은 자신이 뚱뚱해지는 것에 충격을 받고 이러한 습성에 대해 심하게 죄책감을 느끼거나 자기혐오 증세를 보인다. 그래서 일부러 먹은 음식물을 토하거나 설사제를 복용하기도 한다. 우울증으로 괴로워하는 경우도 많다.

실제로 폭식증을 앓고 있는 환자의 수가 거식증 환자 수보다 더 많다. 폭식증환자의 90% 이상은 젊은 여성이며, 정상적인 체중을 가진 여성에게 자주 나타나지만 과거에 비만 경력이 있는 경우도 있다.

폭식증에 관한 역사적인 기술을 살펴보면 과거에도 폭식증이 빈번하게 있었음을 발견할 수 있다. 중세까지만 해도 음식 공급이 불안정하고 예상 수명이 짧았기 때문에 번영한 시기가 오면 사람들이 음식을 과도하게 많이 먹는 경향이 있었다고 한다. 이런 시기에는 대규모로 과식을 하는 일이 종종 있었는데, 중세 수도자들은 참회의 한 가지 방법으로 구토를 하는 경우가 있었다고 한다.

### 허상을 좇지 말고 자신을 존중해야

음식문화에 관한 한, 현대사회는 지금 심각한 딜레마에 빠져 있다. 한편으로는 물질적인 풍요와 서구식 식문화로 인해 비만

인구가 점점 늘어나고 있는데, 다른 한편에서는 아름다움에 대한 추구가 지나쳐 날씬한 몸매에 대한 동경과 비만에 대한 혐오가 극에 달하고 있다. 특히 우리나라에서는 이러한 경향이 더욱 두드러진다. 이런 사회환경에서는 거식증이나 폭식증으로 괴로워하는 사람들이 늘어날 수밖에 없다.

거식증이나 폭식증 환자의 90% 이상이 여성이라는 사실은 날씬한 몸매에 대한 사회적인 분위기가 얼마나 폭력적인가를 잘 보여준다. 특히 이러한 질환이 한참 성장해야 할 청소년기에 주로 나타난다는 데 문제의 심각성이 있다.

청소년기는 성장과 신체적 변화가 빠르게 일어나는 시기다. 성장 속도는 개인마다 다르고 신체의 모든 부분이 균형있게 성장하지도 않는다. 그래서 감수성이 예민한 청소년들은 자신의 체격에 불만을 가질 수밖에 없다. 특히 여자는 여성스러움을 만들어내기 위해 지방조직의 증가가 두드러지므로 체중이 많이 늘어난다. 따라서 성장과정에 있는 소녀가 성인 여성의 몸매를 동경해 이를 닮으려고 애쓰는 것은 어리석은 일이다. 이제부터라도 '날씬함'에 대한 강박증적인 시각을 버리고 다른 사람을 바라볼 필요가 있다.

## 다이어트에 대한 오해 7

### Science Story

**탐구마당**
읽을거리

■ 아침을 굶으면 살이 빠진다　NO
한끼를 굶으면 인체에 에너지가 공급되지 않아 신체는 에너지를 절약하려는 체계로 바뀐다. 적은 양만을 소비하고 나머지가 축적돼 비만 치료에 오히려 방해가 된다.

■ 소금 발라두면 살이 빠진다　NO
염분이 많은 것을 바르면 삼투현상으로 수분이 빠지는 원리를 이용한 것이다. 죽염 목욕법, 머드팩이 여기에 속한다. 하지만 효과보다는 부작용이 클 수도 있다.

■ 지방을 분해하는 음식이 있다　NO
이렇게 알려진 식품에는 곤약, 글루코만난, 야채효소, 허벌라이프, 다시마, 콩사포, 식초 등이 있다. 하지만 별다른 효과는 없다.

■ 과일은 먹어도 살 안찐다　NO
저칼로리인 야채에 비해 과일은 예상외로 고칼로리 식품에 속한다. 과일에는 당분이 많기 때문에 체내에서 지방으로 전환된다. 따라서 과일을 많이 먹으면 살이 찐다.

■ 땀을 많이 흘려야 한다　NO
땀을 흘리고 나면 체중이 줄지만 지방이 분해되는 것이 아니라 수분만 빠져나오는 것이므로 일시적인 효과만 기대할 수 있다.

■ 다이어트를 하면 빨리 늙는다　NO
다이어트 자체 때문은 아니다. 그러나 영양소가 부족할 정도의 다이어트를 하면 주름이 생기고 피부가 나빠질 수 있다. 피부도 단백질, 비타민, 미네랄 등의 영양소를 골고루 섭취해야 탄력있게 유지될 수 있으므로 무분별한 다이어트를 해서는 안 된다.

■ 다이어트 중에는 고기를 먹지 말자　NO
단백질이 부족해지면 다이어트 이후에 생리가 없어지고 머리카락이 빠질 수 있다. 또한 빈혈을 일으킬 수 있다. 다이어트 중이라도 기름을 떼고 먹는 게 좋다.

[선생님도 놀란 [교과서 밖의]] ❺ 이렇게 정리해 봅시다

# 소화

지금까지 '소화'라는 주제를 인간, 자연, 역사, 문화 영역으로 나누어 생각해 보았습니다. 책을 통해 읽은 내용을 충분히 이해하는 것도 중요하지만, 체계적으로 정리하는 것도 필요합니다. 지식의 창고가 아무리 크다고 해도 제대로 정리되어 있어야 어떤 문제를 대하더라도 문제 해결의 실마리를 찾을 수 있습니다. 그러면 '소화'를 읽고 이렇게 정리해 볼까요.

### ❶ 장 우리 몸의 영양소
우리가 먹은 음식물이 입부터 항문까지 여행하면서
어떤 일들을 겪게 되는지 생각해보세요.

### ❷ 장 건강한 몸
소화기관과 순환기관에 문제가 생기면
어떤 질병에 걸리기 쉬운지 생각해보세요.

### ❸ 장 소화의 비밀
인슐린이 분리되기까지 어떤 과정이 있었으며,
오늘날처럼 안전한 수혈이 이뤄지기까지 어떤 일들이 있었는지 생각해보세요.

### ❹ 장 식생활과 문화
자기만이 가진 식습관은 무엇이 있으며,
식습관이 왜 중요한지 생각해보세요.

**더 나아가 생각해 볼 내용**
거식증 환자와 폭식증 환자의 90% 이상이 여성인 이유와
이런 환자가 왜 자꾸 늘어나는지 생각해보세요.

[선생님도 놀란 과학뒤집기] ⑤   소화, 위대한 드라마

강건일(전 숙명여대 약대 교수)
강재헌(인제의대 상계백병원 비만클리닉 교수)
김동진(교보생명 의무원 원장, 가정의학전문의)
김영하(한국과학기술연구원 고분자연구부)
김춘추(카톨릭의대 조혈모세포이식센터)
박기동(한국과학기술연구원 고분자연구부)
손영숙(한국과학기술연구원 세포생물학연구실)
신승철(단국대학교 치과대학 예방치과 교수)
신영준(한성 과학고 교사)
윤지영(연세대학교 식품영양학과 박사과정)
이종철(삼성서울병원 소화기 내과장)
이  행(강북삼성병원 가정의학과)
이효재(서울대학교 치과대학 외래교수)
정재승(고려대 물리학과 연구교수))
최달수(일러스트 작가)
한동근(한국과학기술연구원 고분자연구부)
황상익(서울대학교 의과대학교수, 의학사)